드렉슬러가 들려주는 나노 기술 이야기

드렉슬러가 들려주는 나노 기술 이야기

초판 1쇄 발행일 | 2010년 9월 1일
초판 12쇄 발행일 | 2021년 5월 28일

지은이 | 곽영직
펴낸이 | 정은영
펴낸곳 | (주)자음과모음

출판등록 | 2001년 11월 28일 제2001-000259호
주 소 | 04047 서울시 마포구 양화로6길 49
전 화 | 편집부 (02)324-2347, 경영지원부 (02)325-6047
팩 스 | 편집부 (02)324-2348, 경영지원부 (02)2648-1311
e-mail | jamoteen@jamobook.com

ISBN 978-89-544-2206-2 (44400)

• 잘못된 책은 교환해드립니다.

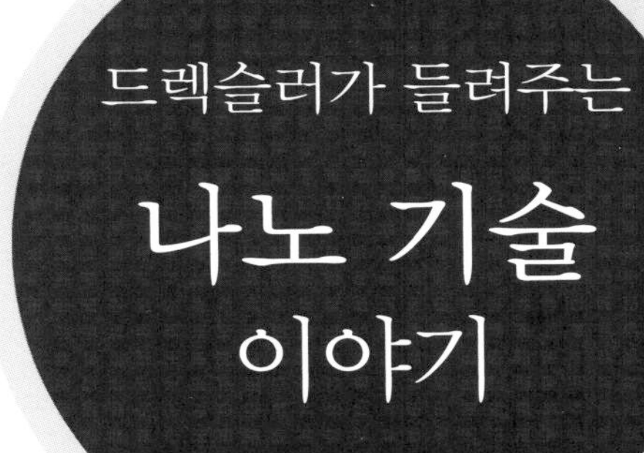

드렉슬러가 들려주는

나노 기술 이야기

| 곽영직 지음 |

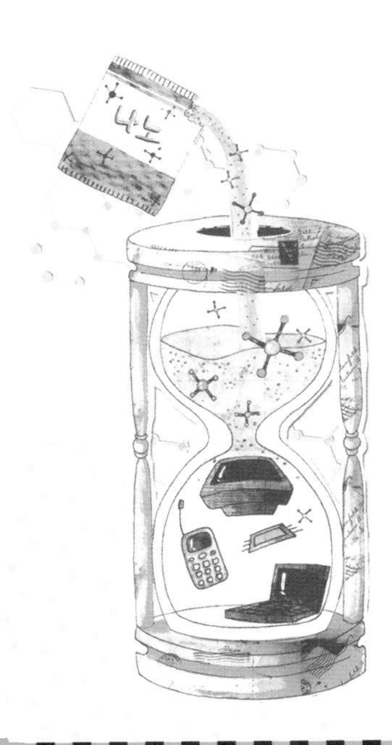

(주)자음과모음

드렉슬러를 꿈꾸는 청소년을 위한 '나노 기술' 이야기

미국의 저명한 물리학자 파인먼은 작은 분자의 세계가 매우 작은 구조물을 세울 수 있는 장소가 될 것이라고 예언했습니다. 하지만 당시 대부분의 사람들은 불가능한 일이라며 넘겨 버렸습니다. 20세기 후반에 들어 과학자들은 이 작은 세계에 대하여 본격적으로 관심을 가지기 시작했습니다. 이 작은 세계가 바로 나노 세계입니다.

그러나 나노 세계에 대해서는 이제 겨우 이해하기 시작했을 뿐입니다. 나노 세계는 그냥 작은 세계가 아닙니다. 우리 세계에서는 경험할 수 없는 전혀 새로운 일들이 일어나는 세계입니다. 그러나 이 세계에서 일어나는 일들은 우리의 일상

생활에 많은 영향을 미칩니다. 우리가 나노 세계에 관심을 가져야 하는 것은 이 때문입니다.

이 책에서는 나노 과학의 기초적인 내용을 설명하고 있습니다. 그러나 나노 기술은 과학 전반에 걸쳐 있는 방대한 내용이어서 이 작은 책에서 모든 분야를 다룰 수는 없습니다. 따라서 나노 기술과 관계된 핵심 기술과 나노 기술 분야에서 자주 다루어지는 내용을 중심으로 설명했습니다. 반도체 기술과, 탄소 나노 튜브, 그리고 생명 공학과 의학이 그런 분야입니다. 앞으로 나노 기술의 발전에 따라 점차 과학과 기술 전반으로 그 영역을 넓혀 갈 것입니다.

이 책은 나노 기술을 널리 알린 드렉슬러 박사가 직접 수업을 진행하는 형식으로 꾸며졌습니다. 이 책을 통해 나노 기술이라는 용어가 널리 사용하게 되는 과정, 나노 기술이 어떻게 응용되고 있는지 그리고 앞으로의 전망이 어떻게 되는지를 이해할 수 있게 되기를 기대합니다.

이 책을 만드는 데 도움을 준 많은 분들에게 감사드립니다. 그리고 이 책을 끝까지 읽어 줄 독자들에게는 더 큰 감사를 드립니다.

곽 영 직

차례

부록

첫 번째 수업 1

나노 기술의 정의

21세기를 이끌어 갈 첨단 기술로 각광을 받고 있는
나노 기술을 시작한 드렉슬러 박사에 대해 알아보고,
아울러 나노 기술이 어떤 기술인지에 대해서도 알아봅시다.

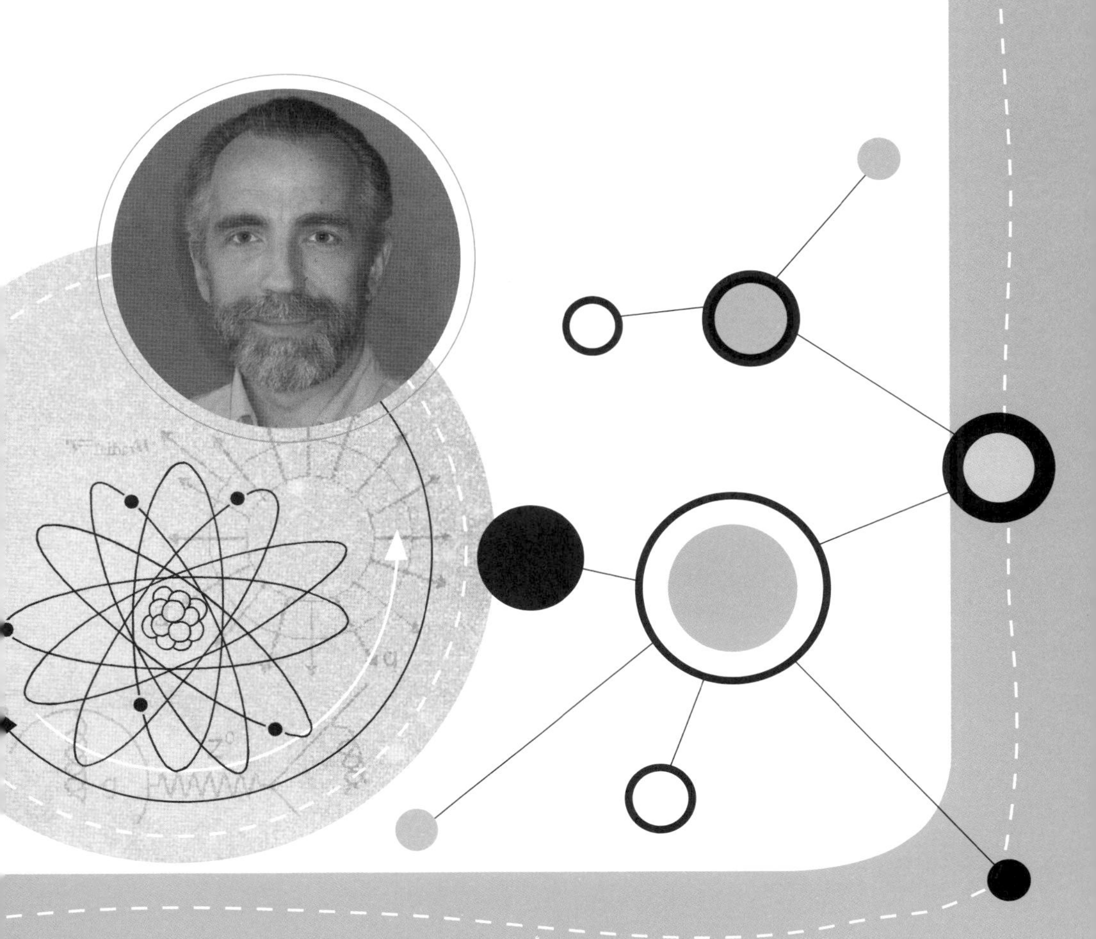

1

첫 번째 수업

나노 기술의 정의

교. 고등 화학 II 2. 물질의 구조
과.
연.
계.

드렉슬러가 자기를 소개하며 첫 번째 수업을 시작했다.

드렉슬러를 소개합니다

학생들은 수업에 대한 기대감으로 눈빛이 초롱초롱하게 빛났다. 오늘부터 8일 동안 학생들은 미국의 물리학자 드렉슬러에게서 나노 기술 전반에 대한 수업을 듣기로 하였다. 드렉슬러는 나노 기술의 중요성을 처음으로 강조하여 사람들이 나노 기술에 관심을 가지게 한 유명한 과학자이다. 잠시 후 검은 바지에 빨간 셔츠를 입은 드렉슬러가 교실로 들어왔다.

여러분, 안녕하세요? 한국에 와서 학생들을 만나 수업을 하게 된 것을 아주 기쁘게 생각합니다.

오늘은 첫 번째 수업이니까 나의 소개를 하고 나노 기술이 무엇을 뜻하는지를 설명하겠어요. 수업 도중에 질문이 있으면 언제든지 손을 들고 질문을 해 주세요.

여러분이 이미 알고 있겠지만 내 이름은 드렉슬러입니다.

나는 미국 캘리포니아 주에 있는 오클랜드라는 도시에서 1955년에 태어났어요. 그러니까 《과학자가 들려주는 과학 이야기》 시리즈에 등장하는 과학자 중에서 나이가 가장 어린 과학자인 셈이지요. 수염이 이렇게 많이 나서 할아버지처럼 보인다고 생각하는 학생들도 있을 텐데 어리다고 하니까 이상하게 들리지요. 하지만 과학자 시리즈에는 뉴턴, 갈릴레이, 아인슈타인처럼 대단한 사람들만 나와서 수업을 하잖아요. 그런 분들에 비하면 어리다는 뜻이지요. 또한 그런 분들과 나란히 과학 이야기를 할 수 있게 된 것이 나에게는 대단한 영광이 아닐 수 없어요.

나노 기술에 대한 책을 읽은 적이 있는 학생들은 아마 내 이름을 들어보았을 거예요. 나노 이야기를 할 때는 으레 드렉슬러라는 내 이름도 함께 나오니까요. 그럴 때면 나는 내가 한 일에 비해 과분한 대접을 받는다는 생각이 들기도 하지만 내가 그만큼 나노 기술 발전에 공헌했다는 증거일 것이라는 생각이 들어 가슴이 뿌듯하기도 합니다.

이야기를 시작하기 전에 여러분에게 한 가지 물어볼게요. 새로운 과학을 시작하려는 사람에게 가장 중요한 것은 무엇일까요? 다시 말해 다른 사람이 이전에 하지 않은 새로운 일을 하려는 사람은 어떤 사람이어야 할까요?

학생들이 웅성거리며 여러 가지 이야기를 했다. 어떤 학생은 공부를 잘해야 한다고 했고, 어떤 학생은 모험심이 있어야 한다고 했으

며 어떤 학생은 머리가 좋아야 한다고 했다. 학생들의 이야기를 듣던 드렉슬러는 빙그레 웃으며 천천히 입을 열었다.

지금 학생들이 여러 가지 이야기를 했는데 모두 맞는 이야기예요. 다른 사람이 하지 않은 새로운 일을 하기 위해서는 공부도 잘해야 하고 모험심도 있어야 하고 머리도 좋아야 하겠지요. 그러나 가장 중요한 것은 도전 정신이에요. 아무리 많이 알고 있고, 성실하고, 좋은 아이디어를 많이 가지고 있어도 다른 사람이 하지 않은 일을 내가 해 보겠다는 도전 정신이 없으면 아무 것도 할 수 없어요.

사실 나는 여러분만큼 열심히 공부하지 않았어요. 한국 학생들이 열심히 공부하는 것은 세계적으로 알아주잖아요. 또 나는 여러분보다 특별히 머리가 좋지도 않아요.

그러나 오늘 여러분 앞에서 나노 기술 이야기를 할 수 있게 된 것은 내가 다른 사람들보다 도전 정신이 뛰어났기 때문이라고 생각해요.

나는 처음부터 나노 기술에 관심을 가지고 나노 기술을 연구한 것은 아니었어요. 나는 어렸을 때부터 인간이 할 수 없다고 생각하는 일에 도전하는 것을 좋아했어요. 고등학교를 졸업하고 매사추세츠 공과 대학(MIT)에 입학했을 때 외계인을 찾아내는 연구에 관심을 가졌었는데, 그것도 도전 정신이 있었기 때문이라고 할 수 있어요. 외계인에 대한 관심은 차츰 우주 공간에 인간이 살아갈 수 있는 장소, 즉 우주 식민지를 만드는 일로 바뀌어 갔지요. 내가 스무 살이었던 1975년과 1976년 여름에는 미국항공우주국(NASA)에서 실시하는 우주 공학 관련 여름 학교에 참가하기도 했어요.

나는 학사 학위와 석사 학위 그리고 박사 학위를 모두 매사추세츠 공과 대학에서 받았어요. 1977년에 받은 학사 학위는 통합 과정에서 받았지요. 통합 과정 학위는 물리학이나 화학과 같이 한 가지 학문만 공부한 것이 아니라 과학의 여러 분야를 공부한 사람에게 주는 학위였어요. 1979년에 받은 석사 학위 논문 제목은 〈고성능 태양계 항해 시스템의 설계〉였어요. 당시에 나는 인간이 아직 개척하지 않은 무한한 우주 공간에 도전하는 것을 가장 보람된 일로 생각하고 있었기 때문에 우주여행, 우주 식민지 같은 것에 관심을 가지고 있었어요. 그래서 L5협회라는 단체에도 가입했지요.

L5협회는 나노 기술과는 관계가 없지만 나를 소개할 때는 빼놓을 수 없는 단체이지요. L5에서 L은 라그랑주(Joseph Lagrange, 1736~1813)라는 프랑스 물리학자 이름의 머리글자예요. 내가 대학에서 공부를 하던 시기에는 우주에 인공

식민지를 만드는 일에 관심을 가지고 있는 과학자들이 많이 있었지요. 그런 과학자들이 모여 만든 단체가 L5협회였어요.

이 사람들은 만약 우리가 우주에 식민지를 만든다면 어디에 만드는 것이 좋을까 그리고 어떻게 만드는 것이 좋을까에 대해 연구했지요. 내가 이 단체에 가입한 이유는 지구는 공간이 한정되어 있으므로 언젠가 인간은 우주로 진출해야 한다고 믿고 있었기 때문이에요.

L5협회는 많은 연구 활동을 통해 우주에 대한 지식을 넓히고 인간이 우주에 살게 되었을 때 무엇이 필요한지에 대해 많은 것을 연구했어요. 하지만 우리가 생각했던 것보다 우주 식민지를 건설하는 일은 기술적으로나 경제적으로 어려운 일이라는 것을 알게 되었지요. 처음에는 아주 가까운 미래에 우주 공간에서 인간이 살게 될 것이라고 생각했지만, 차츰 그것이 그렇게 쉽지 않다는 것을 알게 되었지요. 그러면서 우주 식민지를 만드는 문제에 대해 사람들의 관심이 줄어들었어요.

하지만 언젠가 인간은 결국 우주 공간으로 나가게 될 거예요. 지난 300년 동안 인류는 예전에는 생각도 하지 못했던 엄청난 발전을 이루어 냈거든요. 그리고 과학과 기술의 발전 속도는 점점 빨라지고 있어요. 그러므로 천 년이나 만 년 후에는 지금의 우리는 상상도 할 수 없는 과학 기술을 얻게 될 거예요. 그때가 되면 우주에 진출해 우주 식민지를 만드는 것도 그리 어려운 일이 아니겠지요.

우주 식민지 상상도

우주에서 분자로

우주에 인류가 살아갈 식민지를 만드는 일에 관심을 가지고 있던 내가 분자 단위에서 일어나는 일에 관심을 가지게 된

것은 1970년대 중반에 파인먼(Richard Feynman, 1918~1988)의 글을 읽은 후부터였어요.

양자 전자기학의 발전에 공헌한 공로로 노벨 물리학상을 수상하기도 했던 미국의 물리학자 파인먼은 1959년에 한 강연에서 "작은 세계에는 아주 넓은 영역이 있다."고 강조했어요. 우주에만 아직 개발되지 않은 영역이 남아 있다고 생각하고 있던 내게 작은 세계에도 아직 개발되지 않은 넓은 영역이 있다는 말은 신선한 충격으로 들리게 되었지요.

우주에 사람이 살아갈 수 있는 식민지를 만드는 일과 원자나 분자를 이용하여 아주 작은 기계를 만드는 일은 전혀 다른 일처럼 보이지만, 인간의 한계를 넓힌다는 의미에서는 같다는 생각을 하게 되었어요. 누구도 아직 가 보지 못했던 세상은 우주에만 있는 것이 아니라 원자나 분자와 같이 작은 세계에도 있다는 생각이 들었어요. 이런 생각을 하게 되자 나는 우주에 식민지를 만드는 일 대신 분자 나노 기술(MNT, Molecular Nano-Technology)을 연구하기로 결심했어요. 다른 사람들이 관심을 가지지 않는 새로운 분야에 도전해 보기로 한 것이지요.

하지만 나노 기술이라는 말을 처음 사용한 것은 내가 아니에요. 1974년에 일본 도쿄 대학의 노리오 타니구치(Norio

Taniguchi, 1912~1999) 박사가 반도체 부품에 사용되는 박막을 만드는 과정을 설명하면서 나노 기술이라는 용어를 처음으로 사용했어요. 그는 나노 기술이란 원자 또는 분자 단위에서 물질을 조작하는 과정이라고 정의했지요. 타니구치는 전기적인 방법, 초단파, 전자 빔, 레이저 등을 이용하여 정교한 부품을 만들어 내는 연구를 했어요. 그러니까 파인먼이 나노 기술의 가능성을 사람들에게 일깨워 준 사람이라면 타니구치는 나노 기술을 실제로 발전시키기 시작한 사람이라고 할 수 있지요.

그러나 사람들은 나노 기술과 관련해서 파인먼이나 타니구치보다 내 이름을 더 많이 기억하고 있어요. 그것은 나노 기술이라는 말이 널리 사용되도록 한 사람이 나이기 때문일 거예요. 나노 기술이라는 말이 사람들에게 널리 알려지게 된 것은 내가 1986년에 쓴 《창조의 엔진-다가오는 나노 기술의 시대》라는 책이 출판된 다음부터였어요.

나는 이때 타니구치가 이미 오래전에 나노 기술이라는 용어를 사용했다는 사실을 모른 채 나노 기술이라는 말을 사용했어요. 그러니까 최초는 아니지만 나도 나노 기술이라는 말을 만들어 낸 사람이라고 할 수 있어요. 더군다나 내가 쓴 책 때문에 전 세계 사람들이 나노 기술이라는 말을 사용하게 되

었으니 내가 큰소리칠 만도 하지요?

나노 기술의 정의

다음 수업 시간에 자세하게 설명하겠지만, 나노 기술이란 nm(나노미터) 단위의 물질을 다루는 기술이에요. nm(나노미터)란 10억 분의 1m를 나타내지요. 1m가 어느 정도의 길이를 나타내는지는 잘 알고 있지요? 1m를 10억 등분한다고 생각해 보세요. 나노미터가 얼마나 작은 크기인지 상상이 가나요?

원자 중에서 가장 작은 수소의 지름은 약 0.1nm예요. 그러니까 1nm는 원자 몇 개 정도 또는 몇 개의 원자로 이루어진 분자 정도의 크기를 나타내지요. 분자 중에는 매우 복잡하고 큰 분자도 있어요. 하지만 대부분의 분자는 수십 nm 정도예요. 그러므로 나노 기술이란 분자 단위에서 물질을 조작하는 기술이라고 할 수 있어요.

《창조의 엔진-다가오는 나노 기술의 시대》에서 나는 스스로 자신과 똑같은 형태를 복제할 수 있는 아주 작은 로봇을 만들 수도 있다고 이야기했어요. 앞으로 기술이 발전하면 원자 몇 개 또는 분자 몇 개로 이루어진 작은 기계를 만들 수도

수소 원자의 지름 0.1nm

있을 거예요. 그리고 그런 기계들은 외부의 도움 없이도 스스로 작동하고 자신과 비슷한 기계들을 만들어 낼 수도 있게 될 거예요. 우리 눈에 보이지 않는 작은 기계들이 자신들과 비슷한 다른 기계들을 생산해 내는 세상을 상상해 보세요. 만약 사람들이 이런 작은 기계들을 잘 이용한다면 현재로서는 생각도 할 수 없는 여러 가지 일들을 할 수 있을 거예요.

그러나 만약 이런 작은 기계들을 통제할 수 없게 되면 커다란 재앙이 될 수도 있어요. 사람들의 통제를 벗어난 작은 기계들은 세상의 모든 물질을 다 사용해 버릴 때까지 계속 새로운 기계들을 만들어 낼지도 모르니까요. 그런 세상은 생각하

기만 해도 끔찍하지만 충분히 일어날 수 있다고 생각해요.

내가 쓴 《창조의 엔진-다가오는 나노 기술의 시대》에는 나노 기술로 생산된 작은 기계들이 좋은 목적으로 사용되는 이야기와 이런 끔찍한 일이 일어날 수도 있다는 이야기가 함께 실려 있어요. 나중에 사람들은 이런 나노 로봇들을 '그레이 구(grey goo, 잿빛 덩어리)' 라고 불렀어요.

그러니까 나는 《창조의 엔진-다가오는 나노 기술의 세계》라는 책을 통해 나노 기술이라는 말과 그레이 구라는 말을 세상에 퍼트린 셈이에요. 나노 기술이 가져올 환상적인 미래와 나노 기술의 결과로 파멸될 미래의 모습을 모두 제시한 것이지요.

1986년에 《창조의 엔진-다가오는 나노 기술의 세계》를 출판한 후, 나노 기술에 대해 본격적으로 공부하기 시작했어요. 그래서 1991년에 나노 기술에 대한 연구로 박사 학위를 받았지요. 〈분자 기계의 제작과 컴퓨터에의 응용〉이라는 제목의 논문은 나노 기술을 본격적으로 다룬 첫 번째 박사 학위 논문이었어요.

이 논문을 정리하고 보완하여 1992년에 《나노 체계 : 분자 기계, 생산과 계산》이라는 제목의 책을 냈어요. 이 책으로 나는 미국 출판 협회에서 주는 우수 컴퓨터 과학 도서 상을 받기도 했지요. 나의 아내였던 크리스틴 피터슨과 함께 1986년에 나노 기술 시대를 준비하는 미래 연구소를 설립하여 나노 기술의 발전과 관계된 여러 가지 일을 하기도 했어요.

이제 내가 나노 기술의 발전을 위해서 어떤 일을 했는지 설명이 되었나요? 아직 나노 기술은 내가 생각했던 것만큼 발전하지는 않았어요. 자신과 똑같은 기계를 스스로 복제하는 나노 기계가 발명되지도 않았고, 인간의 통제를 벗어난 그레이 구 역시 나타나지 않았지요.

나노 기술은 아직 걸음마 단계에 있어요. 그래도 지난 20년 동안 나노 기술 분야에서는 커다란 변화가 있었어요. 그리고 이러한 변화와 발전은 더욱 빨라질 거예요.

지금부터 지난 20년 동안의 나노 기술 발전에 대해 소개하고 앞으로 어떻게 발전해 나갈지에 대해 이야기하려고 해요.

오늘은 첫 시간이어서 내 이야기를 많이 하다 보니 나노 기술 이야기는 조금밖에 하지 못했군요. 하지만 내일부터 본격적인 수업을 진행하면 의문 나는 점이 많이 생길 거예요. 여러분이 질문을 많이 해야 수업하는 사람도 신이 나거든요. 그럼 내일 다시 만나기로 하지요. 여러분, 수고했어요.

수업을 마친 드렉슬러는 앞에 앉은 학생들과 악수를 하고 교실을

나갔다. 전에는 수업을 끝낸 선생님이 학생들과 악수를 하는 경우가 없었던 터라 학생들은 당황하면서 엉거주춤 드렉슬러와 악수를 했다.

만화로 본문 읽기

요즘 다들 나노, 나노 하는데 그게 대체 뭐예요?
나노는 단위의 접두어로, 1nm가
분자 정도의 크기이다 보니 분자 단위에서 물질을 조작하는 기술을 나노 기술이라고 해요.
나노미터가 얼마나 작은 단위인가요?

nm(나노미터)란 10억 분의 1m 랍니다.
10억 분의 1m?
헉
1m를 10억 등분한다고요?
우아

맞아요. 이제 나노미터가 얼마나 작은 크기인지 상상이 가나요?
빙고!
1m를 10억으로? 1cm를 1000만으로, 1mm를 100만으로….
계산!
계산!
슥
슥

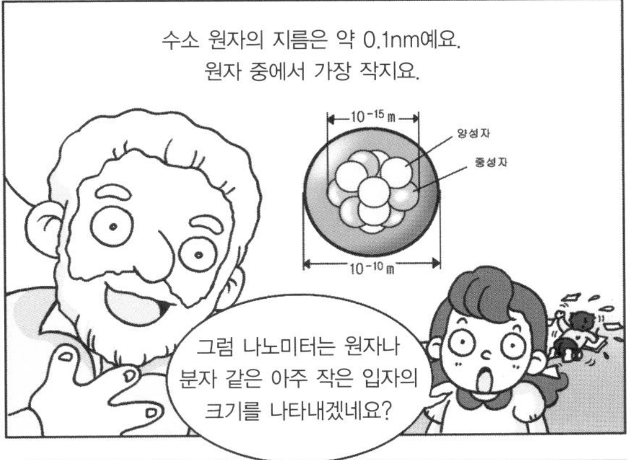

수소 원자의 지름은 약 0.1nm예요. 원자 중에서 가장 작지요.
10⁻¹⁵ m
양성자
중성자
10⁻¹⁰ m
그럼 나노미터는 원자나 분자 같은 아주 작은 입자의 크기를 나타내겠네요?

그렇죠. 분자 중에는 매우 복잡하고 큰 분자도 있지만 대부분의 분자는 수십 nm 정도예요.
나노는 지금까지 제가 알던 숫자의 개념을 뛰어넘었어요.

맞아요. 마치 우주복을 입지 않고 우주에 나온 기분이에요!
하하
걱정하지 말아요. 같이 공부하다 보면 나노 기술에 대해 쉽게 이해할 수 있게 될 테니까요.
둥
둥
콰악
전 아무것도 몰라요! 선생님만 쫓아다닐래요.

두 번째 수업 2

길이와 질량의 단위

물리학의 기본이 되는 길이와 질량의 단위에 대해 알아봅시다.
단위를 이용하여 아주 큰 양과 아주 작은 양을 나타내는 방법에 대해 알아봅시다.

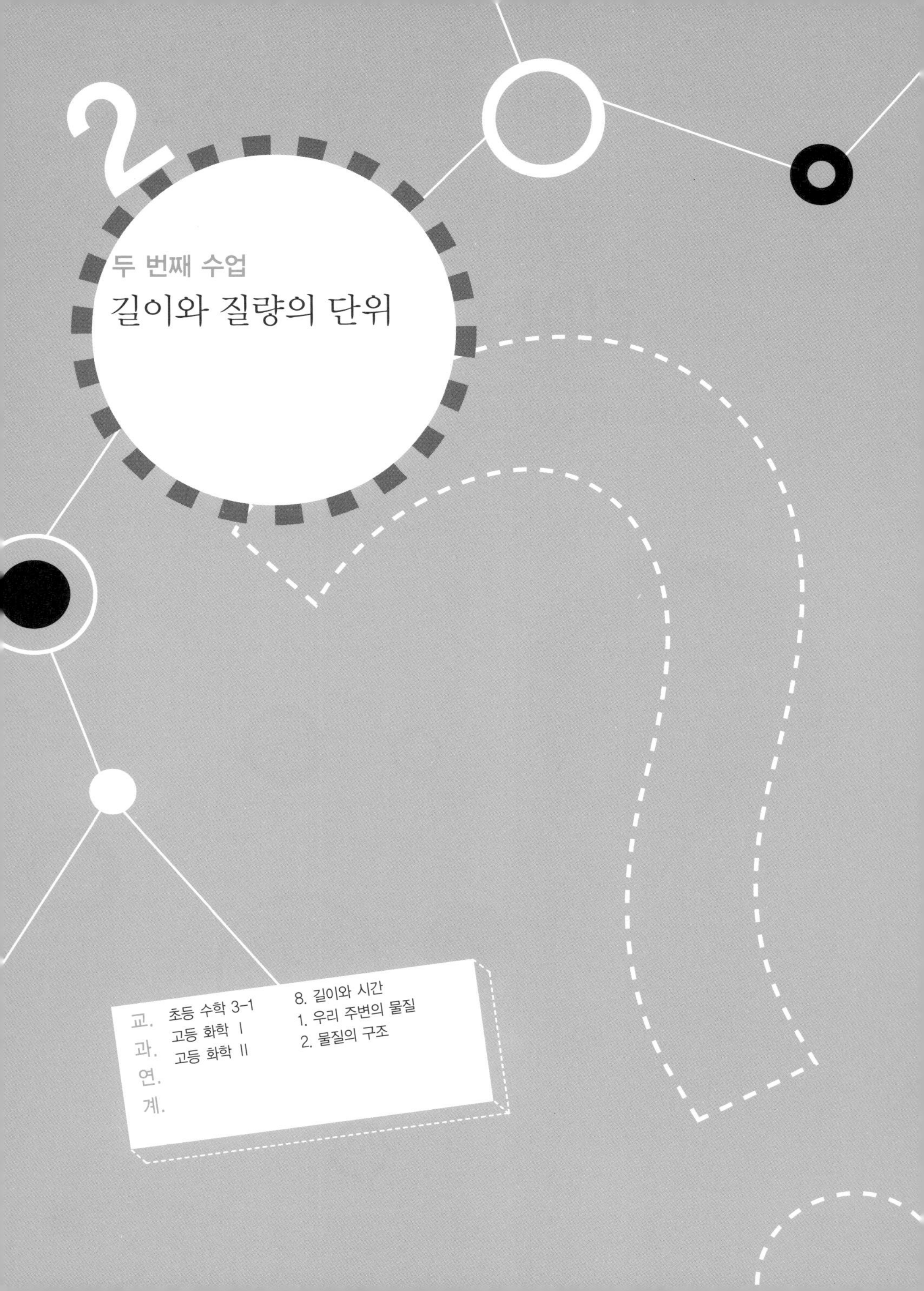

두 번째 수업

길이와 질량의 단위

교. 과. 연. 계.

초등 수학 3-1	8. 길이와 시간
고등 화학 Ⅰ	1. 우리 주변의 물질
고등 화학 Ⅱ	2. 물질의 구조

드렉슬러가 길이를 재는 자를 가져와서 두 번째 수업을 시작했다.

수업 시간이 되기도 전에 드렉슬러가 교실에 들어섰다. 어제와 똑같이 빨간 셔츠를 입은 드렉슬러는 손에 1m쯤 되어 보이는 자를 하나 들고 있었다.

드렉슬러처럼 나이 많은 사람에게는 빨간 셔츠가 어울리지 않을 것 같지만 회색 수염이 텁수룩하게 난 그의 잘생긴 얼굴과 빨간 셔츠는 매우 잘 어울렸다.

학생들은 드렉슬러가 세련된 사람이라는 인상을 받았다. 드렉슬러는 자를 들어 학생들에게 보여 주면서 수업을 시작했다.

길이와 질량의 단위

여러분 이것이 무엇인지 알겠어요? 이것은 길이를 재는 자예요. 이 자의 길이는 1m이지요. 오늘은 여러 가지 물리량을 측정하는 단위에 대해 이야기하려고 해요. 나노 이야기를 하다 보면 여러 가지 단위들이 등장하게 마련이거든요. 따라서 우리가 사용하는 단위에 익숙하지 않으면 수업을 따라 가기가 매우 힘들 거예요. 그러니까 오늘 이야기를 잘 기억해야 이어지는 수업 내용을 이해할 수 있을 거예요.

물리학에서 가장 중요한 것이 측정이라는 것은 다 알고 있을 거예요. 길이, 질량, 시간, 전하량과 같은 물리량을 측정하지 않으면 물리학이 있을 수 없기 때문이지요.

물리학이란 이렇게 측정된 물리량 사이의 관계를 밝혀내는 학문이라고 할 수 있어요. 그리고 물리량을 측정하기 위해서는 단위가 있어야 합니다. 단위가 있어야 측정한 결과를 숫자로 나타낼 수 있기 때문이지요.

여러 가지 물리량 중에서 우리에게 가장 친숙한 물리량은 아마 길이일 것입니다. 우리는 초등학교에 다니기 전부터 길이를 측정하는 방법을 배우고 실제로 길이를 측정했어요. 그래서 대부분의 학생들이 길이를 나타내는 단위에 대해서 잘 알고 있을 거예요.

길이의 기본 단위는 m(미터)입니다. 내가 들고 있는 이 1m짜리 자의 길이가 모든 길이 측정의 기본 단위가 된다는 이야기지요.

예전에는 각 나라마다 서로 다른 길이의 단위를 사용했어요. 한국에서는 '尺(자)' 라는 길이의 단위를 사용했고, 서양에서는 'in(인치)' 나 'ft(피트)' , 또는 'mile(마일)' 과 같은 길

이의 단위를 사용했어요. 하지만 현재는 전 세계가 미터를 기본 단위로 사용하고 있지요.

사실 내가 살고 있는 미국에서는 아직도 인치나, 피트, 마일과 같은 단위가 더 널리 사용되고 있어요. 오래된 습관을 바꾸기가 힘들기 때문이에요. 하지만 미국에서도 과학 실험을 하거나 논문을 쓸 때는 모두 길이의 단위인 미터를 써야 해요. 그래서 미국에서는 과학 실험을 할 때와 일상생활에서 사용하는 단위가 달라서 불편한 경우가 많아요.

여러분은 1m의 길이가 어떻게 정해졌는지 알고 있나요? 1700년대까지만 해도 국제적으로 통용되는 길이나 질량의 기준이 없었어요. 그래서 나라마다 지방마다 서로 다른 길이와 질량의 단위를 사용했지요. 이것은 여간 불편한 일이 아니었어요. 나라 사이의 거래가 많지 않던 시대에는 나라마다 서로 다른 단위를 사용해도 그런대로 견딜 만했지만, 나라 사이의 교류가 빈번해지자 통일된 단위가 필요하다는 생각을 하게 되었지요. 국제적인 길이와 질량의 단위를 정하는 일을 처음 시작한 나라는 프랑스였어요.

프랑스에서는 1791년에 도량형을 정하는 문제를 의논하기 위한 회의를 개최하고 적도에서 남극이나 북극까지 거리의 1,000만 분의 1을 1m라고 하자는 것과 0℃에서 1L의 물의 질량을 1kg으로 하자고 합의했어요. 따라서 1m의 길이를 정하기 위해서는 적도에서 북극까지의 거리를 실제로 측정해야 했지요. 프랑스 과학 아카데미는 장 밥티스트 들랑브로와 피에르 메셍에게 이 거리를 실제로 측정하도록 했어요. 두 과학자는 6년 동안의 험난한 작업을 통해 프랑스의 됭케르크에서 에스파냐의 바르셀로나까지 거리를 측정하는 데 성공했어요.

그리하여 1799년에 최초로 길이의 단위를 나타내는 표준자인 미터원기와 1kg의 질량을 나타내는 표준 질량인 킬로그램원기가 백금으로 만들어졌어요. 원기는 기준이 되는 물건이라는 뜻이에요. 이때 1kg의 정의는 0℃ 물 1L의 질량이 아니라 밀도가 가장 큰 4℃의 순수한 물 1L의 질량으로 바뀌었지요.

그러나 1889년에 열린 제1회 국제 도량형 총회에서 1879년에 백금과 이리듐의 합금으로 만든 미터와 질량의 원기를 사용하기로 결정했어요. 이때 1kg의 정의는 4℃의 물 1L의 질량에서 3.984℃의 물 1L의 질량으로 바뀌었지요. 물의 밀도가 가장 커지는 온도는 4℃가 아니라 3.984℃이라는 것이 밝혀졌기 때문이지요. 이때 정한 질량의 기준인 킬로그램원기는 아직도 질량의 기준으로 사용되고 있지만 길이의 기준

과학자의 비밀노트

물의 밀도

물을 제외한 다른 물질의 밀도는 고체 상태에서 가장 크고 다음이 액체 상태이며, 기체 상태에서 가장 작다. 그러나 물은 고체 상태인 얼음의 독특한 원자 배열로 고체 상태가 액체 상태에서보다 밀도가 작다. 따라서 액체 상태의 물은 고체인 얼음보다 무겁다. 얼음이 물에 뜨는 것은 이 때문이다. 물의 밀도가 가장 높은 온도는 바로 3.984℃이다.

이 되는 미터원기는 여러 번 바뀌었어요.

1960년에는 진공에서 원자량이 86인 크립톤이라는 원소가 내는 빛의 파장의 1650763.73배를 1m로 하기로 결정했어요. 이렇게 결정한 것은 누구나 실험실에서 실험을 통해 길이의 단위를 결정할 수 있도록 하기 위해서였지요. 그러나 1983년에는 빛이 $\frac{1}{299,792,458}$초 동안에 달려가는 거리를 1m로 하기로 했어요. 진공 중에서 빛의 속도는 누구에게나 항상 같게 측정되기 때문에 길이의 기준이 되기에 적당했던 것이지요.

길이나 질량의 기준을 정하는 일이 생각보다 복잡하지요? 이렇게 복잡하게 길이와 질량의 기준을 정하려고 노력하는 것은 정확한 측정이 무엇보다 중요하기 때문이에요. 분자 단위에서 물질을 조작하는 나노 기술에서는 아주 작은 차이도 다른 결과를 가져오지요. 따라서 정확한 길이와 질량의 측정이 다른 어느 분야보다도 중요해요.

접두어를 사용한 길이의 단위들

이렇게 정해진 1m는 일상생활에서 사용하는 여러 가지 물건의 크기를 측정하는 데 매우 편리한 길이의 단위가 되었어요. 사람들의 키나 우리가 사용하는 물건의 길이는 모두 미터라는 단위를 이용하여 측정해요.

그러나 원자나 분자와 같이 아주 작은 물체를 다루거나 태양계나 은하와 같이 거대한 물체나 공간을 다루는 경우에는 미터가 그렇게 편리한 단위라고 할 수 없어요. 그래서 그런 경우에는 미터 앞에 접두어를 붙여서 사용해요. 그러면 길이의 단위를 나타내는 데 어떤 접두어들이 사용되고 있는지 알아볼까요?

우선 1보다 천 배 이상 큰 수량을 나타내는 접두어에는 어떤 것들이 있는지 알아보기로 해요. k(킬로)라는 접두어는 천 배를 나타내요. 따라서 1km는 1,000m를 나타내지요. M(메가)는 백만 배, G(기가)는 십억 배를 나타내요. 이런 접두어들은 거리를 나타낼 때보다는 컴퓨터에 저장되는 정보의 크기를 나타낼 때 더 자주 사용하기 때문에 컴퓨터를 자주 사용하는 사람들에게 익숙할 거예요. 이러한 접두어를 사용하여 다음과 같이 큰 거리를 나타낼 수 있어요.

km(킬로미터) – 1,000m = 10^3m

Mm(메가미터) – 1,000,000m = 10^6m

Gm(기가미터) – 1,000,000,000m = 10^9m

Tm(테라미터) – 1,000,000,000,000m = 10^{12}m

Pm(페타미터) – 1,000,000,000,000,000m = 10^{15}m

Em(엑사미터) − 1,000,000,000,000,000,000m = 10^{18}m

그런데 태양계의 천체 사이의 거리를 나타낼 때는 새로운 길이의 단위를 더 많이 사용해요. 태양과 지구 사이의 거리를 1로 하는 천문단위(AU)와 은하와 같이 태양계보다도 훨씬 큰 천체를 다룰 때는 빛이 1년 동안 달려가는 거리를 1로 하는 광년이라는 단위가 자주 사용되지요. 1천문단위는 약 1억 5천만 km이고 1광년은 약 9조 4,670억 km예요.

그럼 이번에는 1보다 백 배 이상 작은 수량을 나타낼 때 사용되는 접두어들에 대해 알아볼까요? 우리가 자주 사용하는 c(센티)는 100분의 1을 나타내고 m(밀리)는 1,000분의 1을 나타내는 접두어예요. 이러한 접두어를 사용하여 다음과 같이 작은 거리를 나타낼 수 있어요.

cm(센티미터) − $\frac{1}{100}$m = 10^{-2}m

mm(밀리미터) − $\frac{1}{1,000}$m = 10^{-3}m

μm(마이크로미터) − $\frac{1}{1,000,000}$m = 10^{-6}m

nm(나노미터) − $\frac{1}{1,000,000,000}$m = 10^{-9}m

pm(피코미터) − $\frac{1}{1,000,000,000,000}$m = 10^{-12}m

fm(펨토미터) − $\frac{1}{1,000,000,000,000,000}$m = 10^{-15}m

am(아토미터) − $\frac{1}{1,000,000,000,000,000,000}$m = 10^{-18}m

1m보다 작은 길이를 나타낼 때는 접두어를 사용한 단위들이 자주 사용되고 있어요. 아마 여러분도 위에 나타낸 단위들이 익숙할 거예요. 때로는 미터라는 말을 생략하고 센티, 밀리, 마이크로, 나노와 같이 접두어만 사용하기도 해요.

때로는 아주 작은 길이를 나타낼 때 특별한 단위가 사용되기도 해요. 대표적으로 100억 분의 1m를 나타내는 옹스트롬(Å)이 있어요. 옹스트롬은 원자나 분자의 크기를 설명할 때 또는 전자기파의 파장을 이야기할 때 자주 사용하지요. 그러나 최근에는 옹스트롬보다 나노미터를 더 많이 사용하고 있어요. 10Å이 1nm이기 때문에 두 단위는 서로 바꾸어서 사용할 수 있거든요.

길이를 나타내는 단위들을 설명하다 보니 우리가 이야기해야 할 '나노'라는 말이 등장했지요? nm(나노미터)는 10억 분의 1m를 나타내는 길이의 단위이지요. 따라서 나노 과학이라고 하면 10억 분의 1m 크기의 물질을 다루는 과학이라고 할 수 있어요. 내가 들고 있는 이 자의 길이를 10억 등분한 것이 1nm예요. 이제 나노 기술이 얼마나 작은 세계를 다루는 기술인지 상상이 되나요?

우리는 일상생활에서 억이라는 단위를 자주 사용하고 있지만 억이 얼마나 큰 수인지 잘 모를 때가 있어요. 1억이 얼마나 큰 수인지 한번 알아볼까요? 1분은 60초예요. 1시간은 3,600초이고요. 그렇다면 하루는 몇 초일까요? 하루는 24시간이니까 24에다 3,600을 곱해 보세요. 하루는 86,400초예요. 그렇다면 1년은 몇 초일까요? 1년은 31,536,000초예요. 1억은 이 숫자의 3배가 넘어요. 그러니까 1초에 하나씩 숫자

를 세어서 1억을 세려면 3년이 넘게 세어야 되지요.

1m에는 나노미터 크기의 물체가 10억 개 들어가 있다고 했지요? 그러니까 1m 길이에 늘어선 나노미터 크기의 물체를 다 세려면 30년이 넘게 세어야 해요. 이제 나노미터가 얼마나 작은 크기를 나타내는지 실감이 되나요?

과학의 여러 분야와 나노 과학

과학에는 여러 가지 분야가 있어요. 여러분들은 과학을 공부하고 있으니까 과학에 어떤 분야가 있는지 알고 있을 거예요. 여러분이 알고 있는 과학 분야를 아는 대로 이야기해 보세요.

학생들이 물리, 화학, 생물, 지구 과학, 수학, 의학 등 과학 분야라고 생각되는 여러 가지 분야의 이름을 댔다.

생각했던 대로 다들 잘 알고 있군요. 여러분이 이야기한 대로 과학에는 물리, 화학, 생물학, 공학, 의학, 약학 등 여러 분야가 있어요. 과학을 이렇게 여러 가지 분야로 나누는 것은 이들 과학 분야가 다루는 대상이 다르기 때문이에요.

각각의 과학 분야에서 어떤 것들을 연구하고 있는지는 내가 자세히 설명하지 않아도 여러분이 어느 정도 짐작하고 있을 거예요.

과학을 이렇게 여러 가지 분야로 나눌 때는 과학에서 다루는 대상의 크기는 중요하지 않아요. 아무리 크거나 작아도 생명체를 다루는 것은 모두 생물학에 속하지요. 다만 물리와 화학을 분류할 때는 크기가 약간의 작용을 하기도 해요. 원자보다 작은 세계를 연구하는 것은 물리학에 속하고, 분자 정도 크기의 물질을 연구하는 것은 대부분 화학에 속한다고 할 수 있기 때문이지요. 그러나 이런 경계가 그렇게 명확한 것은 아니에요. 화학에서도 원자의 성질을 다루고 물리학에서도 분자와 관계된 연구를 하거든요.

그러나 나노 과학이라는 말은 오로지 크기로만 구분한 말이에요. 다시 말해 나노 과학이란 1nm의 크기에서부터 수백 nm의 크기를 가지는 물질을 다루는 과학이라는 뜻이지요. 원자 가운데 가장 작은 원자인 수소 원자의 지름은 대략 10분의 1nm(0.1nm)예요. 큰 원자들의 지름은 수 nm 정도지요. 그리고 원자들이 모여서 만들어진 분자들의 크기는 수십 nm에서 수천 nm에 이르기까지 다양합니다.

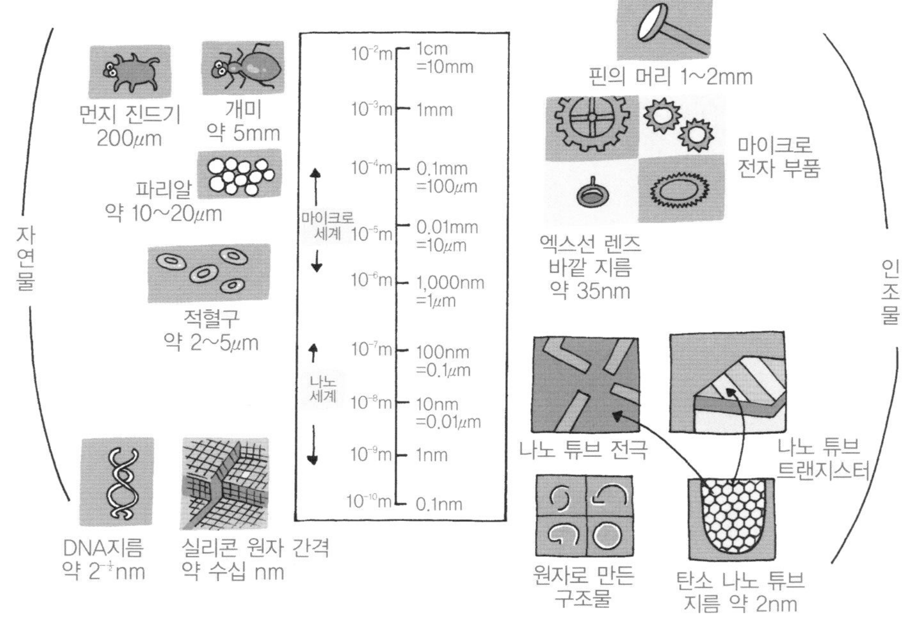

여러 가지 물질의 크기 비교

따라서 나노 과학이란 분자 크기에서 물질을 다루는 과학이라고 할 수 있어요. 나노 과학이 다루는 물질의 크기에 따라 분류된 말이다 보니 나노 과학에는 물리학, 화학, 생물학, 약학, 의학, 공학 등 모든 분야가 포함될 수 있어요. 따라서 나노 과학이나 나노 기술 이야기를 하다 보면 물리, 화학, 생물, 의학, 약학과 같은 여러 분야의 이야기를 하게 돼요.

실제로 여러 과학 분야에서는 나노 과학이라는 말이 사용되기 이전부터 원자나 분자 단위에서 물질들이 어떤 성질을 가지는지 그리고 그러한 성질을 어떻게 이용하는지에 대한 연구를 해 왔어요. 따라서 나노 과학이 어느 때부터 갑자기 시작된 것은 아니에요. 전에는 이렇게 작은 크기의 물질을 다루면서도 그것을 나노 기술이라고 부르지 않았을 뿐이에요.

그러나 측정 기술과 가공 기술 그리고 재료의 합성 기술이 발전하고 나노 크기의 물질을 다루는 기술이 크게 발전함에 따라 나노 크기의 물질을 다루는 나노 기술이 예전보다 훨씬 중요해졌어요. 따라서 나노 과학이나 나노 기술이라는 말은 이제 과학자들뿐만 아니라 일반인들도 자주 사용하는 말이 되었어요.

나노 기술은 주로 분자 단위에서 물질을 다루는 기술이므로 나노 과학을 제대로 이해하기 위해서는 원자들이 어떤 구조를 하고 있는지 그리고 원자들이 모여서 어떻게 분자를 만드는지 그리고 그렇게 만들어진 분자들이 어떤 성질을 가지는지에 대해 알아보는 것이 중요할 거예요. 그럼 다음 시간에는 원자와 분자에 대한 이야기를 하기로 하지요.

드렉슬러는 수업을 마치고 전 시간과 마찬가지로 학생들과 악수를 나누고 교실을 나갔다. 수업을 마친 후 악수를 하는 것에 조금 익숙해진 학생들은 웃으며 드렉슬러와 악수를 했다.

만화로 본문 읽기

국제적인 교류가
활발해지자 단위를
통일시킬 필요가 있었지요.

그래서 적도에서 북극까지 거리의 천만 분의
1을 1m로 정하고, 0℃에서 1L의 물의 질량을
1kg으로 정했답니다.

그렇죠. 6년 동안 과학자들의
험난한 실측 작업을 통해
1799년에 최초로 미터원기와
킬로그램원기가 만들어졌어요.

우리가 편하게 쓰는
단위가 그렇게 어렵게
만들어진 거라니!

다음 표는 미터나 그램으
로 나타내는 길이나 질량
의 단위 앞에 쓰이는 접두
어를 나타낸 것이지요.

			십진수
[illegible]	[illegible]	[illegible]	…0 000 000 000 000 000 000 000
[illegible]	[illegible]	[illegible]	…000 000 000 000 000 000 000
10^{18}	엑사 (exa)	E	1 000 000 000 000 000 000
10^{15}	페타 (peta)	P	1 000 000 000 000 000
10^{12}	테라 (tera)	T	1 000 000 000 000
10^{9}	기가 (giga)	G	1 000 000 000
10^{6}	메가 (mega)	M	1 000 000
10^{3}	킬로 (kilo)	k	1 000
10^{2}	헥토 (hecto)	h	100
10^{1}	데카 (deca)	da	10
10^{0}	(없음)	(없음)	1
10^{-1}	데시 (deci)	d	0.1
10^{-2}	센티 (centi)	c	0.01
10^{-3}	밀리 (milli)	m	0.001
10^{-6}	마이크로 (micro)	μ	0.000 001
10^{-9}	나노 (nano)	n	0.000 000 001
10^{-12}	피코 (pico)	p	0.000 000 000 001
10^{-15}	펨토 (femto)	f	0.000 000 000 000 001
10^{-18}	아토 (atto)	a	0.000 000 000 000 000 001
10^{-21}	젭토 (zepto)	z	0.000 000 000 000 000 000 001
10^{-24}	욕토 (yocto)	y	0.000 000 000 000 000 000 000 001

세 번째 수업 3

원자와 분자

원자가 어떻게 구성되어 있는지 그리고 원자들이 어떻게 모여
분자를 구성하는지에 대해 알아봅시다.

3

세 번째 수업

원자와 분자

교과 연계		
	고등 화학 II	2. 물질의 구조
	고등 물리 II	3. 원자와 원자핵

드렉슬러가 분자 모형을 들고 와서 세 번째 수업을 시작했다.

원자

드렉슬러가 사방으로 구멍이 뚫려 있는 구슬에 막대를 꿰어 만든 분자 모형을 들고 교실에 들어왔다. 언제 보아도 멋쟁이인 드렉슬러는 들고 온 분자 모형을 교탁 위에 올려놓고 웃는 얼굴로 학생들을 둘러보면서 수업을 시작했다.

오늘은 어제 이야기했던 대로 원자와 분자에 대하여 공부할 거예요. 여러분은 이미 과학 시간에 원자와 분자에 대해

배워서 어느 정도는 다 알고 있을 거예요. 따라서 복습을 하는 기분이 들지도 몰라요. 하지만 열심히 수업을 듣다 보면 새로 알게 되는 것도 있을 거예요.

물질을 쪼개고 또 쪼개면 무엇이 남을까요? 이것은 인류가 2,500년 전에 과학을 시작한 이래 가져온 의문이에요. 오랫동안 사람들은 모든 물질은 물, 불, 흙, 공기의 4원소로 이루어져 있다고 믿었어요. 그러다가 1808년 영국의 돌턴(John Dalton, 1766~1844)이 《화학의 신 체계》라는 책에서 물질은 더 이상 쪼개지지 않는 원자라는 알갱이로 되어 있다고 주장했어요. 그 후 과학자들은 자연을 구성하는 원자들을 찾기 위해 많은 노력을 했어요. 그 결과 20세기 초까지 100여 개의 원소가 발견되었어요. 자연은 100여 가지 원소들이 만들어 내고 있다는 것을 알게 된 것이지요.

그러나 19세기 말에 모든 물질은 더 이상 쪼개지지 않는 원자라는 알갱이로 이루어졌다고 했던 돌턴의 주장이 사실이 아니라는 것이 밝혀졌어요.

1895년에는 독일의 뢴트겐(Wilhelm Röntgen, 1845~1923)이 엑스선을 발견하고, 1896년에는 프랑스의 베크렐(Antoine Becguerel, 1852~1908)이 방사선을 발견했어요. 곧이어 1898년에는 영국의 톰슨(Joseph Thomson, 1856~1940)이 음극선관 실험을 통해 전자를 발견했어요. 이런 발견들은 원자가 더 이상 쪼갤 수 없는 가장 작은 알갱이가 아니라 더 작은 알갱이들로 이루어졌다는 것을 나타내는 것이었어요.

그래서 1900년 이후 많은 과학자들이 원자의 내부 구조를 연구하기 시작했어요. 아무리 성능이 좋은 현미경을 이용해도 원자의 내부 구조를 직접 볼 수는 없어요. 그래서 원자처럼 직접 관측하기 어려운 것들의 구조를 연구할 때 과학자들은 주로 모형을 이용해요. 실험을 통해 밝혀진 여러 가지 성질을 설명할 수 있는 모형을 만드는 것이지요. 만약 기존의 모형이 실험을 통해 밝혀진 새로운 사실을 설명할 수 없으면 새로운 모형을 만드는 것이지요. 이런 과정을 통해 과학자들

은 원자의 구조에 대해 매우 자세하게 알 수 있게 되었어요. 사람들이 원자의 구조를 쉽게 이해할 수 있도록 과학자들이 만든 원자 모형에 대해서는《보어가 들려주는 원자 모형 이야기》에 자세하게 설명되어 있더군요.

과학자들은 실험을 하고 실험 결과에 알맞은 새로운 모형을 만드는 과정을 통해 원자가 양성자, 중성자 그리고 전자로 이루어져 있다는 사실을 알아냈어요. 전자보다 질량이 큰 양성자와 중성자는 원자핵을 이루고 있으며, 전자는 원자핵

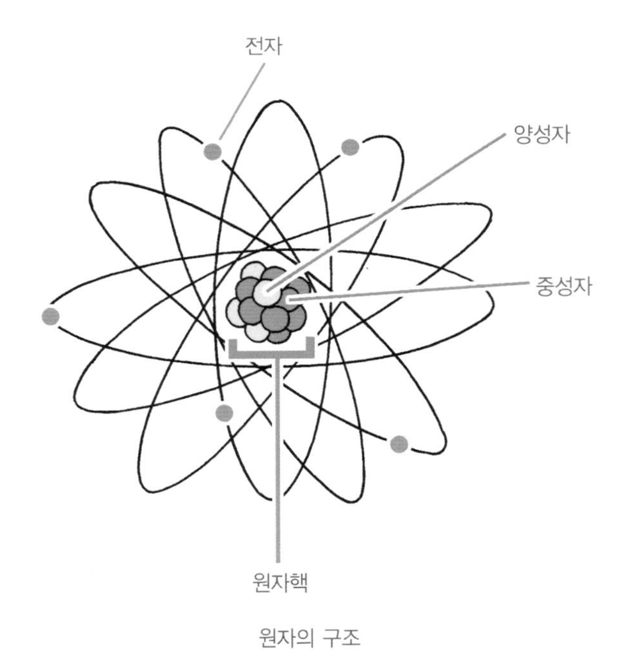

원자의 구조

을 둘러싼 넓은 공간에서 원자핵 주위를 돌고 있다는 것을 알게 되었지요. 원자핵의 질량은 전자의 약 1,840배나 된답니다. 전자는 양성자보다 훨씬 작지만 양성자와 같은 크기의 전하를 가지고 있어요. 중성자는 전하를 가지고 있지 않지요.

원자의 종류를 결정하는 것은 원자핵 속에 들어 있는 양성자의 수예요. 보통 상태의 원자 속에는 양성자의 수와 전자의 수가 같아요. 따라서 원자의 종류는 전자의 수에 의해 결정된다고 해도 틀린 말은 아니에요. 하지만 전기를 띠는 이온의 경우에는 전자의 수가 양성자의 수보다 적거나 많아요. 하지만 전자의 수가 다르다고 다른 원자라고 하지는 않지요. 따라서 원자의 종류는 양성자 수에 의해 결정된다고 하는 것이 더 정확한 말이에요.

원자 중에 가장 작은 원자는 양성자 하나와 전자 하나로 이루어진 수소 원자예요. 자연에서 발견할 수 있는 원자 중에서 가장 큰 원자는 92개의 양성자를 가지고 있는 우라늄이에요. 원자를 순서대로 배열한 주기율표에는 우라늄보다 번호가 큰 원소들도 포함되어 있는데 이런 원소들은 실험실에서 합성한 원소들이어서 자연에는 존재하지 않아요.

물리학자들 중에는 원자보다 더 작은 알갱이들에 대해 연구하는 사람들도 있어요. 원자의 성질을 연구하는 과학을 원

자 물리학, 원자핵의 구성과 성질을 연구하는 과학을 원자핵 물리학이라고 불러요. 양성자와 중성자, 그리고 전자와 같이 원자를 이루는 알갱이들보다 더 작은 알갱이들을 연구하는 분야는 입자 물리학이라고 부르지요.

분자

우리 주위에는 여러 가지 종류의 물질이 있어요. 금속도 있고 목재도 있고 플라스틱도 있지요. 이런 물질들을 원자로 분해하면 물질의 성질이 사라져요. 원자로는 어떤 물질도 다 만들 수 있어요. 그것은 원자가 특정한 물질의 성질을 가지고 있지 않기 때문이에요.

물질의 성질이 나타나는 것은 원자들이 모여서 분자를 이루었을 때에요. 따라서 분자는 물질의 성질을 가지고 있는 가장 작은 단위라고 할 수 있지요.

나노 과학이나 나노 기술에서는 주로 분자들의 성질을 연구하고 이용해요. 따라서 나노 과학을 이해하려면 분자들의 성질을 잘 알아야 해요.

원자들은 어떻게 함께 모여서 분자를 만들까요? 원자들이 분자를 이룰 수 있는 것은 원자들 사이에 힘이 작용하기 때문이에요. 원자들 사이에 힘이 작용하지 않으면 원자들은 뿔뿔이 흩어질 뿐 분자를 만들 수 없어요. 그렇다면 원자들이 모여서 분자를 이루도록 하는 힘은 무엇일까요?

바로 전자기력이에요. 전자기력은 전하 사이에 작용하는 힘이에요. 전하에는 양(+)전하와 음(−)전하가 있는데, 다른 종류의 전하 사이에는 끌어당기는 힘이 작용하고, 같은 종류의 전하 사이에는 밀어내는 힘이 작용하지요.

자기력은 자석 사이에 작용하는 힘이라고 할 수 있어요. 하지만 과학자들은 자기력이 사실은 운동하고 있는 전하 사이에 작용하는 힘이라는 것을 밝혀냈어요.

다시 말해 전하 사이에는 전기력과 자기력이 작용하고 있었던 거예요. 그래서 두 가지를 묶어 전자기력이라고 부르게 되었지요. 그렇다면 원자 사이에서 전자기력이 어떻게 작용하여 분자를 만들까요?

이온 결합

원자들이 모여 분자를 이루는 데에는 여러 가지 방법이 있

어요. 보통의 원자들은 같은 수의 양성자와 전자를 가지고 있기 때문에 전기적으로 중성이에요. 양성자와 전자가 가지고 있는 전기의 양은 같고 부호는 반대이거든요.

하지만 원자가 전자를 잃으면 음(−)전기가 모자라 양(+)전기를 띠게 되고, 전자를 얻으면 음(−)전기가 남아돌아 음(−)전기를 띠게 돼요. 이렇게 양(+)전기나 음(−)전기를 띠게 된 원자를 이온이라고 불러요. 원자가 전자를 잃거나 얻어 전기를 띤 이온이 되면 서로 끌어당기거나 밀어내는 힘이 작용하게 되지요.

양이온과 음이온이 전기력에 의해 서로 끌어당기는 것이 분자를 만들어내는 가장 간단한 방법이에요. 이런 결합 방법을 이온 결합이라고 하지요.

나트륨과 같은 원자는 원자 구조상 전자를 잃기 쉬워요. 이런 원자는 양이온(Na^+)이 되기 쉽지요. 반면 염소와 같은 원자는 전자를 얻는 것을 좋아해요. 이런 원자는 음이온(Cl^-)이 되기 쉽지요. 양(+)전기를 띤 나트륨 이온과 음(−)전기를 띤 염소 이온은 서로 끌어당겨서 결합하기를 좋아하는데 이렇게 만들어진 것이 우리가 늘 먹는 소금($NaCl$)이에요. 소금은 이온 결합에 의해 분자를 형성하는 대표적인 물질이지요. 이 밖에도 이온 결합을 하는 물질은 아주 많아요.

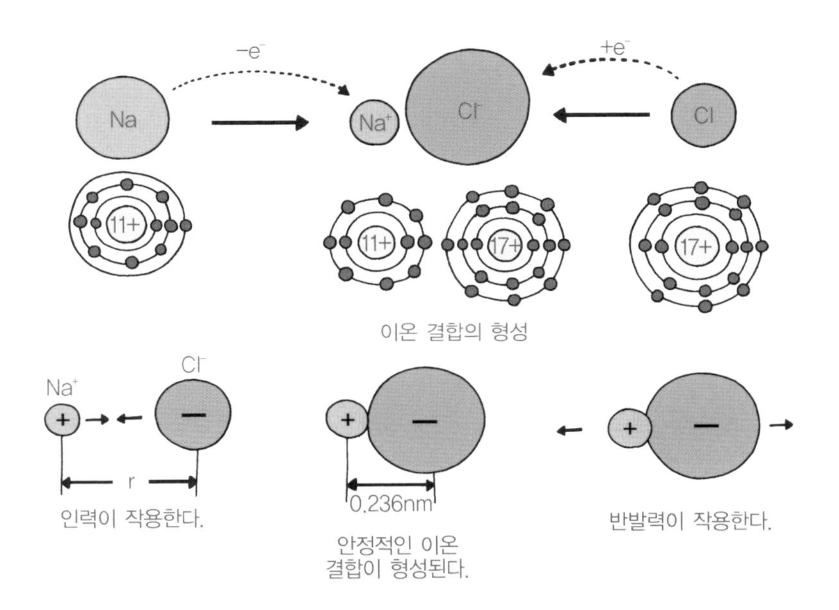

이온 결합의 형성

공유 결합

원자들이 모여서 분자를 만드는 또 다른 방법은 공유 결합이에요. 앞에서 원자의 중심에는 원자핵이 있고, 원자핵 주위를 전자들이 돌고 있다고 했던 것을 기억하고 있을 거예요. 그런데 원자핵 주위를 돌고 있는 전자들은 아무렇게나 원자핵 주위를 돌고 있는 것이 아니라 아주 까다로운 여러 가지 규칙을 지키면서 원자핵 주위를 돌아야 해요. 원자핵으로

부터의 거리, 회전 속도, 회전 방향 등이 모두 정해져 있어요. 전자의 이런 성질은 양자 물리학에서 다루게 되지요.

전자가 이런 규칙을 지키다 보니 원자가 항상 가장 안정한 상태에 있는 것은 아니에요. 두 개의 원자 속에 들어 있는 원자핵들이 서로 다른 원자의 전자들을 공동으로 소유하게 되었을 때 더욱 안정한 상태를 만들 수 있는 경우도 있어요. 이런 경우에는 두 개 이상의 원자들이 모여 분자를 형성하게 되지요. 이렇게 두 개 이상의 원자가 전자를 서로 공동으로 소유하여 분자를 형성하는 것을 공유 결합이라고 해요.

우리가 숨 쉴 때 들이마시거나 내뱉는 공기 중에는 질소(N_2), 산소(O_2), 이산화탄소(CO_2)와 같은 여러 가지 기체들이 포함되어 있어요. 이런 기체들은 모두 공유 결합에 의해 두 개 이상의 원자들이 모여 분자를 형성하고 있어요.

처음 원자설을 주장한 돌턴은 같은 원자끼리는 서로 밀어내는 성질이 있다고 설명했어요. 따라서 같은 종류의 원자들이 모여 분자를 만드는 것을 이해할 수 없었지요. 1920년대에 양자 물리학이 성립되어 전자들이 원자 내에서 어떤 에너지를 가질 수 있는지를 알게 된 후에야 같은 종류의 원자들이 모여 분자를 만드는 공유 결합이 가능하다는 것을 이해할 수 있었습니다.

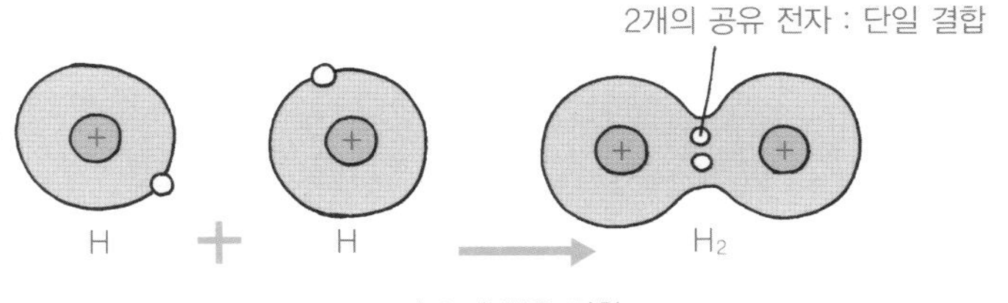

수소의 공유 결합

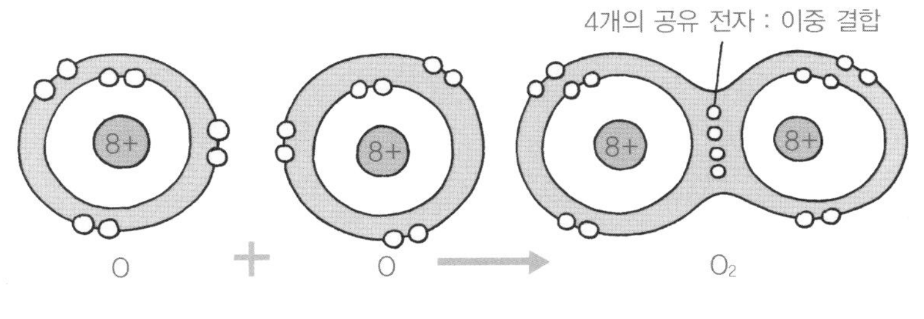

산소의 공유 결합

금속 결합

원자들이 모여 물질을 만드는 방법 중에는 금속 결합이라고 부르는 것이 있어요. 이것은 원자들이 모여 분자를 형성하는 것과는 조금 다르지요. 원자 몇 개가 모여 분자를 만드는 것과는 달리 금속 결합에서는 원자들이 차례대로 쌓여 커다란 금속을 이루기 때문이에요. 따라서 금속에는 분자라고 부를 만한 단위가 존재하지 않아요.

금속 원자들은 전자를 얻는 것보다는 잃는 것을 좋아하지요. 원자들이 차례로 쌓여 금속을 만들 때는 전자들이 원자에서 떨어져 나가게 돼요. 이렇게 원자에서 떨어져 나간 전자들을 자유 전자라고 해요.

금속 원자들이 층층이 쌓이면 그 사이를 원자에서 떨어져 나온 자유 전자들이 돌아다니게 되지요. 금속이 다른 물질과는 다른 여러 가지 성질을 가지게 되는 것은 이 자유 전자들 때문이에요. 자유 전자와 전자를 잃어 양이온이 된 금속 이온 사이에는 큰 힘이 작용하고 있기 때문에 결합을 끊으려면 큰 에너지가 필요해요. 따라서 대부분의 금속들은 높은 녹는

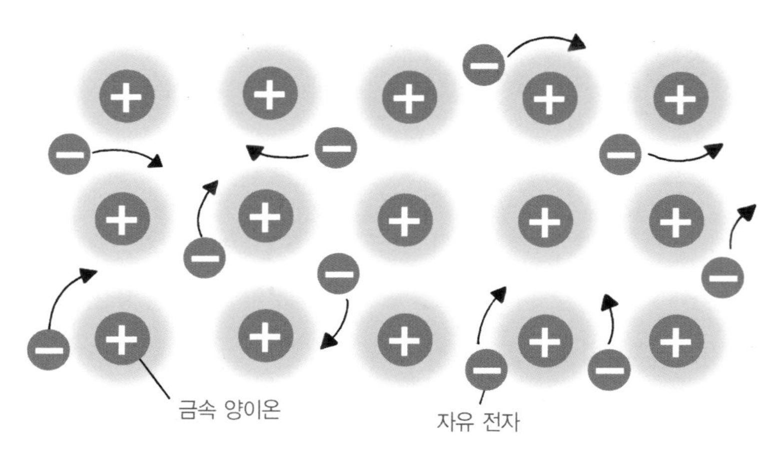

금속 결합

점과 끓는점을 가지게 되지요.

이온 결합이나 공유 결합으로 분자를 만든 물질에서는 전자들이 마음대로 이리저리 돌아다닐 수 없어요. 따라서 이런 물질에는 전기가 잘 흐르지 못해요. 그러나 금속에는 자유 전자가 있기 때문에 전기가 잘 통해요.

또 금속에 힘을 가해 길게 늘이거나 얇게 펼 수 있는 것도 금속 원자들의 독특한 결합 방법 때문에 가능해요.

금속은 원자들이 규칙적으로 쌓여서 만들어지는데 원자들이 쌓이는 방법에 따라 전혀 다른 성질을 가지게 되지요. 따라서 금속의 성질을 이해하기 위해서는 금속 내의 원자들이 어떤 방법으로 쌓여 있는지 알아야 해요.

만약 우리가 원자 배열을 바꿀 수 있다면 새로운 물질도 만들어 낼 수 있을 거예요. 나노 기술의 목표 중의 하나가 원자 배열을 바꾸어 전혀 다른 성질을 가지는 새로운 물질을 만들어 내는 것이에요.

원자들이 모여 분자를 이루거나 분자들이 모여 커다란 물질을 만드는 데는 그 밖에도 여러 가지 방법이 있어요. 원자들의 결합 방법에 따라 전혀 다른 성질의 물질이 만들어지기 때문에 원자나 분자들의 결합 방법을 이해하는 것은 나노 과학에서 매우 중요하지요.

예를 들어 연필심을 만드는 흑연과 보석으로 쓰이는 다이아몬드는 모두 탄소 원자로 이루어져 있어요. 탄소 원자가 결합하는 방법에 따라 흑연처럼 잘 부서지는 물질이 되기도 하고 다이아몬드처럼 세상에서 가장 단단한 물질이 될 수 있어요.

최근에는 탄소 원자들이 흑연이나 다이아몬드 외에도 결합 방법이 다른 여러 가지 물질을 만들 수 있다는 것을 알게 되었어요. 탄소 원자로 이루어진 탄소 나노 튜브는 나노 기술 과학에서 매우 중요하게 다루어지는 재료이기 때문에 뒤에서 다시 자세하게 다룰 생각이에요.

과학자의 비밀노트

수소 결합

원자들이 모여 분자를 형성하는 데는 지금까지 설명한 이온 결합, 공유 결합, 금속 결합 외에도 여러 가지 형태의 다른 결합이 있다. 그중에 하나가 수소 결합이다. 수소 원자는 다른 원자보다 크기나 전자를 끌어당기는 힘이 작아서 다른 큰 원자와 결합할 경우 비대칭 구조를 가진 극성 분자를 형성할 수 있다. 산소 원자에 수소 원자 두 개가 104.5°도의 각도로 붙어 있는 물 분자가 바로 그런 분자이다. 이런 분자들은 전기적인 인력으로 분자 간의 약한 결합을 형성하는데, 이와 같은 분자 간의 결합을 수소 결합이라 한다. 물의 끓는점이 분자량이 비슷한 다른 분자보다 높은 것은 이 때문이다.

오늘은 원자와 분자에 대해 공부했어요. 우리가 살아가고 있는 세상에서 일어나는 일들은 모두 원자나 분자 단위의 작은 세상에서 일어나는 일들에 의해 결정돼요. 우리 생활과 직접 관계가 있어 보이지 않는 작은 세계가 중요한 것은 이 때문이에요. 그것은 또한 나노 기술이 중요한 이유도 될 수 있을 거예요. 다음 시간에는 분자를 볼 수 있는 현미경에 대해 공부하기로 하겠어요.

수업을 마친 드렉슬러는 가지고 왔던 분자 모형을 학생들에게 돌려가면서 보게 한 후, 다시 모형을 받아들고 교실을 나갔다.

만화로 본문 읽기

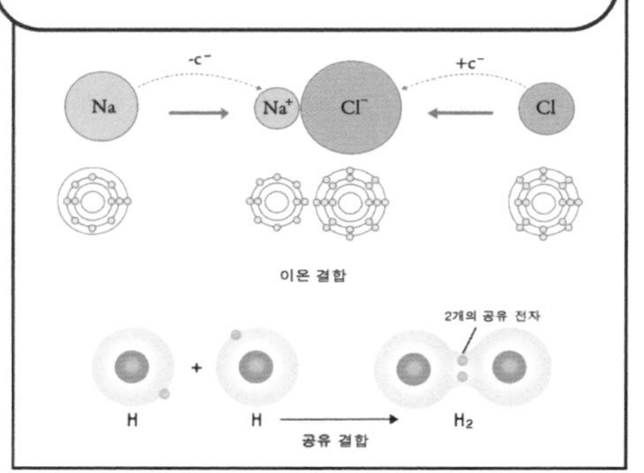

또한 금속 원자들의 경우, 전자가 쉽게 떨어져 나가 자유롭게 이동하는 자유 전자와 금속 양이온이 되어 이들이 규칙적으로 쌓이는 금속 결합 방법도 있어요.

금속 결합

정말 다양한 방법으로 원자들이 결합하여 물질이 완성되는 것이군요.

네 번째 수업 4

분자를 보는 현미경

원자와 분자의 세계를 이해하는 데 필수적인
현미경의 종류와 작동 원리에 대해 알아봅시다.

4

네 번째 수업
분자를 보는 현미경

교.과.연.계.

중등 과학 1	4. 생물의 구성과 다양성
고등 물리 II	3. 원자와 원자핵

드렉슬러가 현미경을 가지고 들어와 네 번째 수업을 시작했다.

현미경

드렉슬러가 현미경 하나를 들고 교실에 들어왔다. 학생들은 현미경을 보자 이번 시간에는 분자를 볼 수 있는 현미경에 대해 공부하겠다고 했던 드렉슬러의 말이 생각났다. 드렉슬러는 가지고 온 현미경을 학생들에게 보여주면서 수업을 시작했다.

여러분, 이것이 무엇인지 알겠어요? 이것은 생물 시간에 사용하는 광학 현미경이에요. 현미경은 맨눈으로는 볼 수 없

는 새로운 세상으로 우리를 안내해 주는 길잡이라고 할 수 있어요. 현미경이 없었다면 우리는 작은 세상이 어떻게 생겼는지 알 수 없었을 테니까요. 오늘은 작은 세상으로 우리를 안내해 주는 여러 가지 현미경에 대해 알아보려고 해요.

가장 간단하게 물체를 확대해 볼 수 있는 기계는 돋보기예요. 돋보기는 한 개의 볼록 렌즈로 이루어져 있어요. 렌즈는 빛을 휘어가게 하는 성질을 가지고 있거든요. 빛이 렌즈를 통과해 휘어지니까 볼록 렌즈를 통과한 빛은 한 곳으로 모이게 되고 오목 렌즈를 통과한 빛은 넓게 퍼지게 돼요. 물체에서 나온 빛이 렌즈에 의해 모이거나 흩어지면 우리 눈에는 물체의 모양이 크게 보이거나 작게 보이게 되지요. 렌즈의 이런 성질을 이용한 것이 돋보기와 현미경이에요.

현미경을 처음 발명한 사람은 네덜란드의 얀센(Zaccharias Janssen, 1580~1638)이라고 알려져 있어요. 얀센은 1590년경 원통에 렌즈를 넣어서 여러 가지 실험을 하다가 가까이 있는 물체가 크게 확대되어 보이는 것을 발견했어요. 오늘날의 돋보기라고 할 수 있는 이런 현미경으로는 물체를 10배 정도 확대해 볼 수 있었어요. 하지만 이 현미경으로 벼룩을 확대해 보았을 때 벼룩의 모습이 전혀 다르게 보여 사람들은 깜짝 놀랐어요. 우리 눈으로 볼 수 없었던 작은 세상에 놀라운 모습들이 숨겨져 있다는 것을 알게 된 것이지요. 그래서 처음 만들어진 현미경은 벼룩 안경이라고 불리기도 했어요.

렌즈의 발전에 크게 기여한 사람 중에는 생물학자로 널리 알려진 레벤후크(Antonie van Leeuwenhoek, 1632~1723)가 있어요. 레벤후크는 스스로 렌즈 만드는 방법을 개발해 곡률이 큰 렌즈를 만드는 데 성공했어요. 그가 만든 렌즈 중에는 물체를 270배나 확대해 볼 수 있는 것도 있어요.

레벤후크는 자신이 만든 현미경을 이용하여 박테리아를 최초로 발견하고, 이스트의 효모를 처음으로 관찰하기도 했어

요. 그는 일생 동안 현미경을 이용해 많은 사물을 관찰하고 그 결과를 영국의 왕립협회에 제출하여 과학 발전에 크게 기여했어요.

내가 오늘 여러분에게 보여 준 것과 비슷한 구조를 하고 있는 현미경을 개발한 사람은 미국의 스펜서(Charles Spencer, 1813~1881)예요. 현미경을 제작하여 파는 회사를 운영했던 그는 더 성능이 좋은 현미경을 만들기 위해 많은 연구를 했어요. 그 결과, 그는 1800년대 중반에 오늘날 우리가 사용

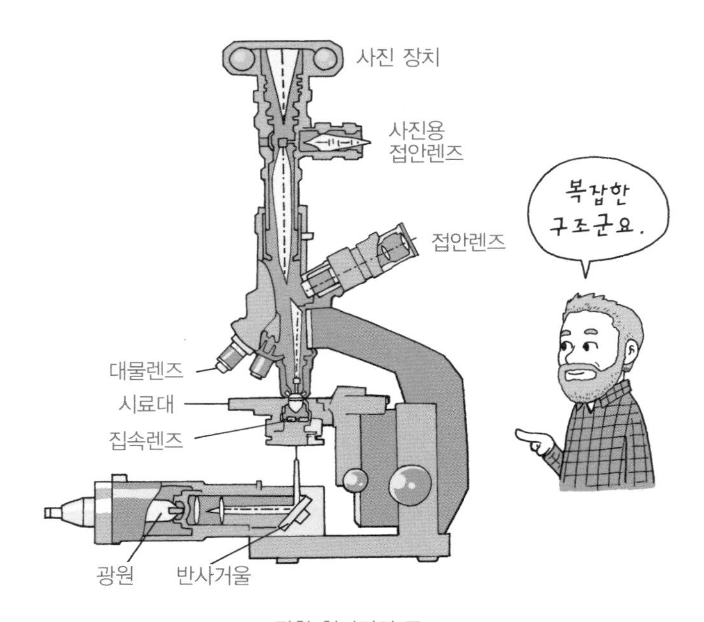

광학 현미경의 구조

하는 현미경과 거의 비슷한 현미경을 만들 수 있었어요.

오늘날 우리가 사용하는 현미경에는 두 개의 렌즈가 사용되고 있어요. 하나는 대물렌즈라고 부르고, 다른 하나는 접안렌즈라고 부르지요. 대물렌즈는 물체에서 나오는 빛을 모아 상을 확대시켜요. 이 상을 다시 접안렌즈로 확대해 보는 것이지요. 따라서 현미경을 이용하면 맨눈으로는 보이지 않던 아주 작은 물체도 잘 볼 수 있어요.

그러나 빛을 이용하는 광학 현미경으로는 약 1,000배 정도까지만 확대해 볼 수 있어요. 현미경으로 얼마나 확대해 볼 수 있느냐를 결정하는 것은 사용하는 빛의 파장이에요. 모든 것이 다 완벽하다고 해도 사용하는 빛의 파장(정확하게는 파장의 2분의 1보다)보다 작은 물체를 구별해 낼 수는 없어요.

백색광의 평균 파장은 0.55μm예요. μm(마이크로미터)는 100만 분의 1m를 나타내는 길이의 단위라고 했던 것을 아직 기억하고 있겠지요? 따라서 현미경을 이용하면 약 1,000만 분의 1m 크기의 물체까지 구별해 낼 수 있어요.

하지만 이것으로는 나노 기술에서 다루려고 하는 작은 물체들을 볼 수는 없어요. 앞에서 이야기한 대로 1nm는 10억 분의 1m이기 때문이에요. 10nm라고 해도 1억 분의 1m밖에 안 되지요. 따라서 이렇게 작은 세계를 보기 위해서는 광

학 현미경보다 훨씬 성능이 좋은 현미경이 필요해요.

과학자들은 아주 작은 세계를 볼 수 있는 여러 가지 현미경들을 발명했어요. 나노 기술이 가능해진 것은 이런 현미경들 덕분이라고 할 수 있어요. 그러면 나노 기술의 발전을 위해 사용되고 있는 현미경에는 어떤 것들이 있는지 알아볼까요?

전자 현미경

빛을 이용하는 광학 현미경 다음으로 많이 사용하는 현미경이 전자 현미경이에요. 전자 현미경은 빛 대신 전자를 이용하여 물체의 표면 상태를 확인하고 물체의 내부 구조를 연구하는 현미경이에요.

렌즈로 물체를 확대하여 볼 수 있는 것은 렌즈가 빛을 휘게 하는 성질을 가지고 있기 때문이라고 했지요? 전자는 전하를 띠고 있기 때문에 전기장이나 자기장에서 휘어요. 전기장이나 자기장을 이용해 전자를 한 곳에 모아 물체 표면에 입사시키고 이때 나오는 전자를 이용해 화면을 구성하면 아주 작은 물체까지도 선명하게 볼 수 있어요.

전자 현미경은 1931년에 독일의 놀(Max Knoll, 1897~

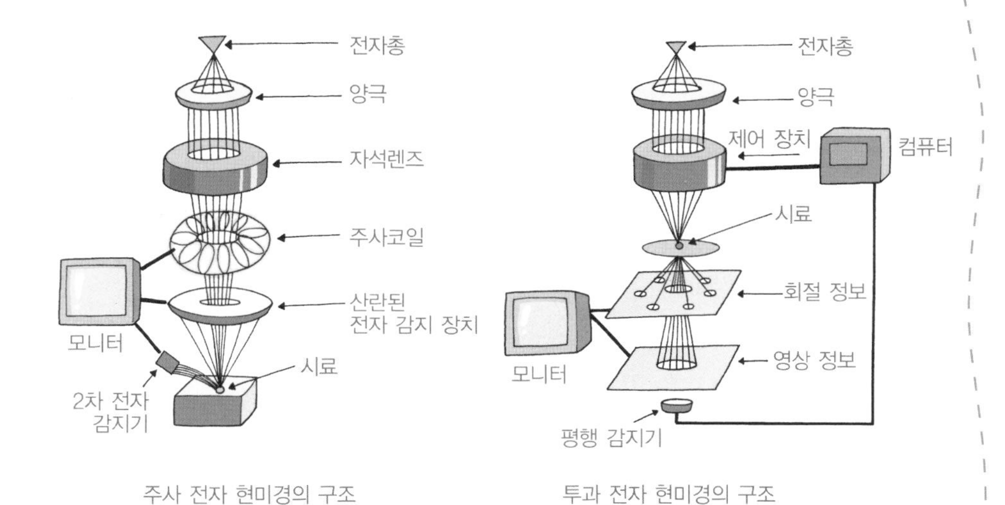

주사 전자 현미경의 구조

투과 전자 현미경의 구조

1969)과 루스카(Ernst Ruska, 1906~1988)가 발명했어요. 전자 현미경은 크게 두 가지로 나눌 수 있어요. 하나는 전자를 물체에 입사시켰을 때 물체 표면에서 나오는 전자들을 모아 표면의 모양을 살펴보는 주사 전자 현미경(SEM)이고, 다른 하나는 전자를 얇은 물체에 통과시켜 물체의 내부 구조를 조사하는 투과 전자 현미경(TEM)이에요.

그럼 전자 현미경은 어떤 원리로 물체를 확대하는 걸까요? 전자는 음(−)전하를 띤 작은 알갱이라는 것은 모두 잘 알고 있을 거예요. 하지만 전자도 파동의 성질을 가지고 있어요. 전자와 같은 알갱이가 파동의 성질을 가진다는 것을 이해하

는 것은 쉬운 일이 아니에요. 하지만 전자나 양성자와 같이 아주 작은 알갱이들은 우리가 알고 있는 것과는 전혀 다른 성질을 가지고 있다는 것이 밝혀졌어요. 이런 것을 밝혀낸 물리학을 양자 물리학이라고 해요. 《슈뢰딩거가 들려주는 양자 물리학 이야기》에는 이와 관계된 이야기가 자세하게 설명되어 있어요.

전자의 파장은 전자의 속도에 반비례해요. 다시 말해 속도가 증가하면 전자의 파장은 작아지지요. 현미경으로 아주 작은 물체를 보려면 파장이 물체의 크기보다 작아야 해요.

전자 현미경에서는 주로 금속을 가열해서 전자를 발생시켜요. 금속을 높은 온도로 가열하면 전자가 금속 밖으로 튀어나오거든요. 전자는 양극 쪽으로 흘러가는 성질이 있기 때문에 전압이 높을 때 더 빨리 움직이지요. 그러면 전자의 파장이 짧아지겠지요? 이렇게 파장이 짧아진 전자를 자기장을 이용하여 휘게 해서 물체의 한 부분에 집중시키면 물체의 표면 상태나 내부 구조를 볼 수 있어요.

이렇게 전자를 가속시키면 전자의 파장은 가시광선의 파장보다 훨씬 작아질 수 있어요. 따라서 전자 현미경으로는 100만 배까지 확대해 볼 수 있어요. 다시 말해 10억 분의 1m (1nm)의 크기를 가지는 물체까지도 볼 수 있는 것이지요.

이런 전자 현미경을 이용하면 원자들의 배열 상태까지도 알아낼 수 있어요. 원자 내부를 들여다보는 것은 가능하지 않지만요. 원자나 분자 단위에서 물질을 조작하여 우리가 원하는 구조를 만들어 내기 위해서는 이렇게 분자의 구조까지 볼 수 있는 전자 현미경이 필요해요.

하지만 전자 현미경이 항상 광학 현미경보다 좋은 것은 아니에요. 전자 현미경의 내부는 진공 상태를 유지해야 해요. 이런 상태에서는 생명체들이 살아 있을 수 없어요. 따라서 살아 있는 생명체를 관찰하는 데는 배율은 낮더라도 광학 현미경이 전자 현미경보다 더 좋지요. 게다가 전자 현미경으로 물체를 관찰하다 보면 물체에 전자가 쌓여서 상이 흐려지기도 해요.

이런 문제점을 해결하기 위해 여러 가지 방법이 사용되고 있지만 아직도 전자 현미경을 사용하는 데 장애가 되고 있어요. 최근에는 전자 현미경보다 더 성능이 좋은 현미경이 발명되어 나노 기술 발전에 크게 기여하고 있어요.

주사 터널 현미경 (STM)

주사 터널 현미경이라니 이름이 좀 이상하지요? 그러면 우선 이름부터 설명해 볼까요? 하긴 이름을 설명하다 보면 이 현미경에 대한 모든 것을 설명하게 되겠군요.

우선 주사라는 말이 무슨 뜻일까요? 우리가 병원에서 맞는 주사가 아닐 거라는 것은 쉽게 추측할 수 있을 거예요. 주사라는 말을 이해하기 위해서 사진을 찍는 것과 텔레비전 화면이 만들어지는 차이를 알아보도록 해요.

사진은 전체 화면의 밝기와 색깔을 한꺼번에 필름에 담아요. 하지만 텔레비전 화면은 여러 개의 선으로 구성되어 있어요. 따라서 텔레비전 카메라는 선을 따라 가면서 각 점의 밝기와 색깔을 기록하여 보내지요. 그러면 텔레비전에서는 이것을 받아 다시 선으로 이루어진 화면을 만들어내는 거예요. 이런 선들을 주사선이라고 해요. 주사선을 따라 가면서 각 점의 밝기와 색깔을 기록하고 그것들을 모아 다시 화면을 구성하는 일이 너무 빨리 이루어지기 때문에 우리 눈으로는 그것을 알아차릴 수 없어요.

그러니까 주사라는 말은 선을 따라 가면서 각 점의 밝기를 측정하고 이것을 이용하여 화면을 구성한다는 뜻이에요. 다시 말해 주사형이라는 것은 어떤 표면의 사진을 만들 때 전체 화면을 한꺼번에 찍는 것이 아니라 위에서부터 차례로 지나가면서 밝기를 측정하고 그것을 모아 사진을 만들어 낸다는 뜻이에요.

그러면 터널이라는 말은 무엇일까요? 공을 벽에다 던지면 어떻게 될까요? 공이 다시 튀어나올 거예요. 벽이 무너지지 않는 한 공이 벽을 통과하는 일은 일어날 수 없겠지요. 그러나 그것은 우리가 사는 세상에서만 그렇다는 것이에요. 전자와 같은 작은 알갱이의 세상에 가면 우리가 사는 세상에서는 일어날 수 없는 일들이 얼마든지 일어날 수 있어요.

전자는 벽이 무너지지 않아도 벽을 통과할 수 있어요. 벽에 작은 구멍이 있으니까 더 작은 전자가 통과할 수 있는 것이 아니겠느냐고요? 물론 전자는 벽에 있는 작은 구멍들을 통해 벽을 통과할 수 있을 거예요. 그러나 여기서 이야기하는 것은 그런 구멍을 통해 벽을 통과하는 것을 말하는 것이 아니라 상식적으로는 절대로 통과할 수 없는 에너지 장벽을 통과하는 것을 말해요. 물론 이것도 양자 물리학을 이용해야만 설명할 수 있는 이야기지만요.

이렇게 전자가 장애물을 통과하는 것을 터널링이라고 해요. 그러니까 터널 현미경은 전자가 가지고 있는 이런 성질

과학자의 비밀노트

터널링(tunnelling)

터널링 현상이란 양자 역학적 현상으로, 뉴턴 역학에서는 이해할 수 없었던 현상이다. 뉴턴 역학에 의하면 운동 에너지는 음의 값을 가질 수 없으므로 입자의 총 에너지가 위치 에너지 값보다 작을 경우 이 위치 에너지의 장벽을 통과할 수 있는 방법이 없다. 양성자가 원자핵 속에 갇혀 있는 것은 양성자의 에너지가 작아서 원자핵의 에너지 장벽을 통과할 수 없기 때문이다. 그러나 양자 역학에 의하면 총 에너지가 위치 에너지보다 작은 경우에도 확률이 작기는 하지만 에너지 장벽을 통과할 수 있다. 이렇게 총 에너지보다 높은 에너지 장벽을 통과하는 현상을 터널링 현상이라고 한다.

을 이용한 현미경이라는 뜻이에요. 그러면 주사 터널 현미경이 어떤 원리로 작동하는지 알아볼까요?

원자 속에 있는 전자는 원자 밖으로 나올 수 없어요. 원자 밖으로 나오기 위해서는 에너지 장벽을 넘어야 하기 때문이지요. 하지만 터널링 현상 때문에 원자 속에 있는 전자들도 가끔씩 밖으로 나오기도 해요.

만약 원자 근처에 양(+)전하를 띤 대전체(전기를 띠고 있는 물체)를 가져오면 전자는 좀 더 쉽게 원자를 탈출할 수 있어요. 대전체를 더 가깝게 가져오면 가져올수록 더 많은 전자들이 탈출하겠지요. 그렇다면 아주 뾰족한 탐침을 만들어 플

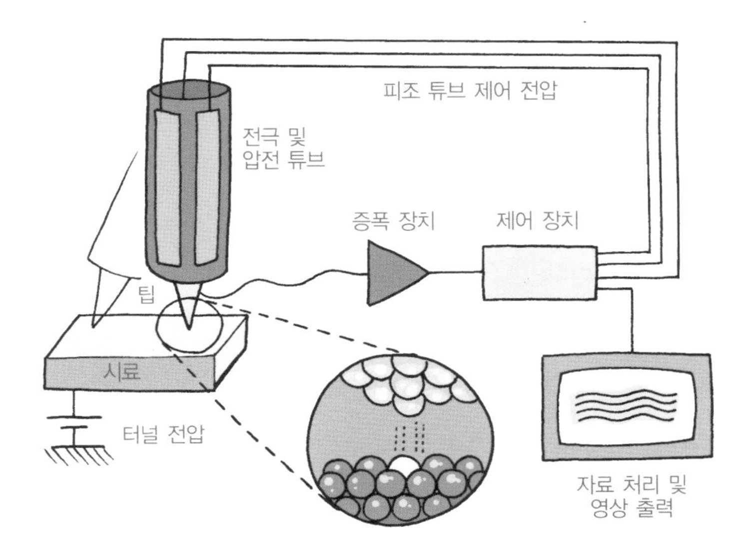

주사 터널 현미경의 작동 원리

원자의 배열 상태를 볼 수 있는 STM 사진

러스 전압을 걸어 준 다음 표면 가까이 지나가게 하면 어떨까요? 표면 상태에 따라 어떤 지점에서는 더 많은 전자가 튀어나오고 어떤 지점에서는 더 적은 수의 전자가 튀어나오겠지요. 원자로부터 터널링에 의해 튀어나오는 이런 전자들의 수를 밝기로 나타내면 표면의 지도가 만들어져요. 이것이 바로 주사 터널 현미경으로 찍은 표면 사진이 되는 거예요.

주사 터널 현미경은 1981년에 스위스 취리히에 있는 IBM 연구소에서 비니히(Gerd Binnig, 1947~)와 로러(Heinrich Rohrer, 1933~)가 발명했어요. 두 사람은 1986년에 전자 현미경을 발명한 루스카와 함께 노벨상을 받았어요.

주사 터널 현미경을 사용하면 1nm 크기의 물체까지도 볼 수 있어요. 따라서 물체 내의 원자 배열을 보고 싶을 때는 주로 주사 터널 현미경을 이용하지요.

원자력 현미경 (AFM)

원자력이라고 하면 우선 원자 폭탄이나 원자력 발전을 떠올리는 사람이 있을 거예요. 하지만 여기서 이야기하는 원자력은 그런 원자력과는 전혀 다른 거예요. 원자력은 원자 사이에 작용하는 힘을 뜻해요. 힘과 에너지는 같은 것이 아니에요. 따라서 원자핵에서 나오는 에너지를 사용하는 원자 폭탄이나 원자력 발전소는 원자핵 에너지 폭탄 또는 원자핵 에너지 발전소라고 부르는 것이 정확한 명칭이에요.

원자가 양(+)전하를 띤 원자핵과 그 주위를 돌고 있는 전자로 이루어졌다는 것은 앞에서 이야기했어요. 대부분의 경우 원자 안에 들어 있는 양성자와 전자의 수가 같아요. 따라서 전기적으로 중성이지요. 전기적으로 중성이라는 것은 원자 사이에 전기력이 작용하지 않는다는 것을 뜻해요.

하지만 원자 속에 들어 있는 전자는 한 점에 고정되어 있는 것이 아니라 아주 빠르게 움직이고 있어요. 따라서 한 곳으로 쏠리기도 하고, 골고루 퍼지기도 하지요. 만약 원자 주위에 다른 원자가 가까이 오면 원자 내의 전자들이 한 곳으로 쏠려 전기를 띤 것과 같은 효과가 나타날 수 있어요. 그렇게 되면 원자 사이에 힘이 작용하게 되지요. 이런 힘이 바로 원자력이에요.

이제 주사 터널 현미경에 사용되었던 것과 비슷하게 뾰족한 탐침을 시료 표면 가까이 지나가게 하면 어떻게 될까요? 탐침에 작은 스프링이 연결되어 있다면 탐침의 원자와 물질 표면의 원자 사이에 작용하는 힘에 따라 스프링이 늘어나거

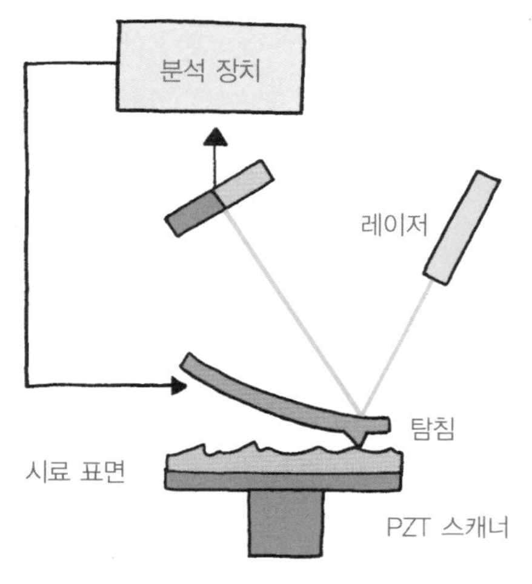

원자력 현미경의 작동 원리

나 줄어들 거예요. 물론 실제 원자력 현미경에서는 스프링이 아니라 작은 힘을 측정할 수 있는 장치를 달겠지만요.

탐침과 물질 표면 사이의 거리가 달라지면 탐침의 원자와 물질의 원자 사이에 작용하는 힘의 크기도 달라질 거예요. 표면이 울퉁불퉁하다면 울퉁불퉁한 정도에 따라 힘의 크기도 변할 거예요. 따라서 탐침이 표면을 지나갈 때 원자 사이에 작용하는 힘에 대한 정보를 모아 화면을 만들면 표면 모습이 잘 나타나는 사진을 얻을 수 있어요.

원자력 현미경은 비니히와 쿠에이트(Calvin Quate, 1923~) 그리고 거버(Christoph Gerber)에 의해 1986년에 발명되었어요. 비니히는 주사 터널 현미경을 발명해 노벨상을 받은 바로 그 사람이에요. 원자력 현미경을 이용하면 아주 작은 물체에 대한 가장 선명한 사진을 찍을 수 있어요.

엑스선 회절 장치

이렇게 배율이 높은 다양한 현미경의 발달은 나노 기술 발전에 크게 기여하게 되었어요. 그러나 나노 기술의 발전에는 지금까지 설명한 현미경 외에도 많은 분석 장비들이 사용되고 있어요. 맨눈으로 볼 수 없는 아주 작은 물체를 만들고 또 그것을 이용하기 위해서는 그런 물체들을 분석할 수 있는 다양한 장비들이 필요하기 때문이지요.

맨눈으로 확인할 수 없는 물질의 내부 구조를 조사하는 데 가장 많이 이용되고 있는 장비는 엑스선 회절 장치예요. 엑스선은 가시광선이나 자외선보다 파장이 짧은 전자기파예요. 따라서 아주 작은 구조를 연구하는 데 적당하지요. 나노 기술을 이야기하다 보면 분자의 구조에 대해 설명하는 이야기가 많은데 분자의 구조는 대부분 엑스선 회절 장치를 통해 알아낸 거예요. 1953년에 왓슨(James Watson, 1928~)과

크릭(Francis Crick, 1916~2004)이 유전 정보를 가지고 있는 DNA 분자의 이중 나선 구조를 밝혀낸 것도 엑스선 회절 장치 덕분이었어요.

금속에 전자를 충돌시키면 엑스선이 발생해요. 따라서 엑스선 회절 장치에는 열을 이용하여 전자를 발생시키는 장치, 이 전자를 높은 속도로 가속하여 금속에 충돌시켜 엑스선을 발생시키는 장치, 그리고 이 엑스선을 조사하려고 하는 물질에 입사시켜 물질의 구조를 알아내는 장치가 포함되어 있어요. 그 밖에도 수집한 엑스선에 대한 정보를 분석하여 물체의 구조를 밝혀 주는 컴퓨터도 꼭 필요하겠지요.

하지만 가장 중요한 것은 엑스선이에요. 실험을 위해 적당한 파장을 가진 강한 엑스선을 만들어 내는 것은 생각처럼 쉬운 일이 아니거든요. 금속에 전자를 충돌시키는 방법으로는 실험하기에 충분한 엑스선을 만들어 낼 수 없어요. 그래서 세계 각국에서는 여러 가지 파장을 가진 강한 엑스선을 만들 수 있는 방사광 가속기를 만들어 사용하고 있어요. 한국의 포항에도 최신 시설을 갖춘 방사광 가속기가 있는 것으로 알고 있어요.

방사광 가속기에서는 전자를 빠른 속도로 회전시키고 이 때 나오는 엑스선을 이용하여 물질의 구조를 연구할 수 있어요. 많은 예산을 들여 만든 방사광 가속기는 물질의 구조 연구에 크게 기여하고 있어요. 정해진 이용료만 지불하면 누구라도 시간을 배정받아 포항에 있는 방사광 가속기를 이용할 수 있다고 들었어요. 포항 방사광 가속기는 한국의 나노 기술 발전에 핵심적인 역할을 하게 될 것이라고 믿어요.

오늘은 분자처럼 작은 물체를 관찰하는 장비들에 대해 공부했어요. 그럼 이제 본격적인 나노 기술 이야기를 할 모든 준비가 끝난 건가요? 준비를 하는 데 너무 많은 시간을 보냈지요? 하지만 준비가 잘 되어 있으면 많은 이야기를 쉽게 풀어갈 수 있어요. 그럼 다음 시간부터 시작될 본격적인 나노 기술 이야기를 많이 기대해 주세요.

수업을 끝낸 드렉슬러는 현미경을 챙겨 들고 교실을 나갔다.

만화로 본문 읽기

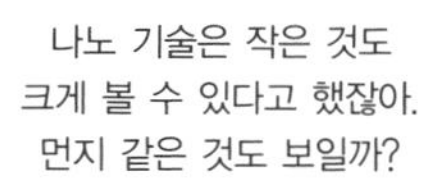

나노 기술은 작은 것도 크게 볼 수 있다고 했잖아. 먼지 같은 것도 보일까?
먼지처럼 작은 게 어떻게 보여? 먼지는 그냥 먼지일 뿐이야.
으이그~
아니에요, 보입니다.
슈북

진짜요?
멀리 있는 것을 가까이 볼 수 있는 망원경과 작은 것을 크게 볼 수 있는 현미경이 있으니까요.

일반 현미경으로는 볼 수 없지만 1nm의 크기까지 볼 수 있는 전자 현미경으로는 원자나 분자의 구조까지도 볼 수 있답니다.
와아~
대단하군요!

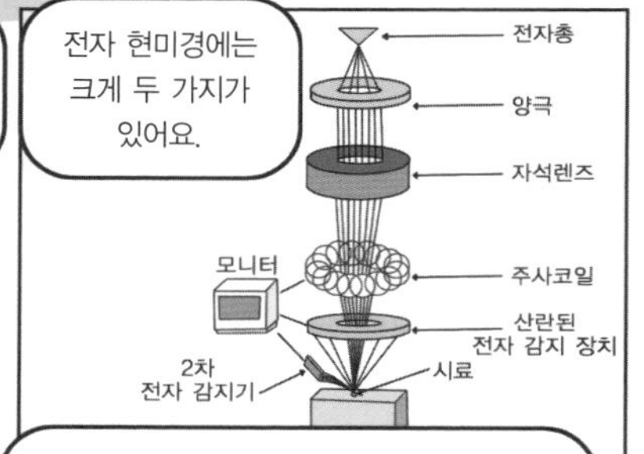

전자 현미경에는 크게 두 가지가 있어요.
전자총
양극
자석렌즈
모니터
주사코일
산란된 전자 감지 장치
2차 전자 감지기
시료
하나는 전자를 물체에 쪼였을 때 물체 표면에서 나오는 전자들을 모아 표면의 모양을 살펴보는 주사 전자 현미경(SEM)이에요.

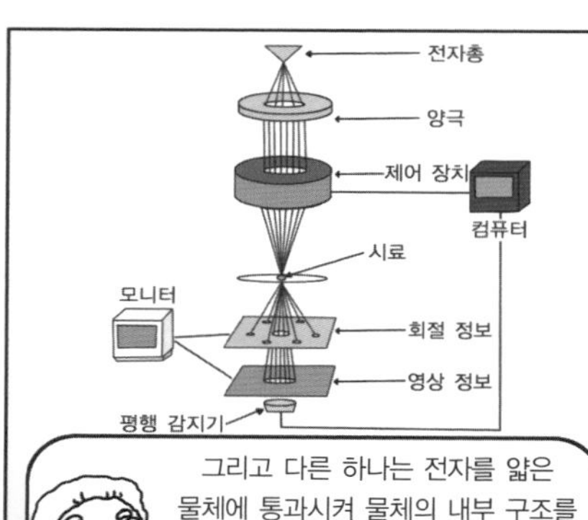

전자총
양극
제어 장치
컴퓨터
시료
모니터
회절 정보
영상 정보
평행 감지기
그리고 다른 하나는 전자를 얇은 물체에 통과시켜 물체의 내부 구조를 조사하는 투과 전자 현미경(TEM)이에요.

현미경으로 보니 전혀 다른 세상을 보는 것 같아요!
와아~
빠
찌
앗! 내 눈!! 나노의 세계도 좋지만 현실 세계의 내 눈도 좀 생각해 주라!

다섯 번째 수업

나노 구조 만들기

나노 구조를 만드는 데에는 어떤 방법이 있을까요?
나노 크기의 구조를 만드는 여러 가지 방법에 대해 알아봅시다.

5

다섯 번째 수업

나노 구조 만들기

교.
과.
연.
계.

고등 화학 II　　2. 물질의 구조

드렉슬러가 화이트보드에 글자를 쓰며 다섯 번째 수업을 시작했다.

드렉슬러가 빈손으로 교실에 들어왔다. 늘 무언가를 들고 들어오는데 익숙해 있던 학생들은 의아하다는 표정으로 드렉슬러를 바라봤다. 드렉슬러는 아무 말 없이 화이트보드 위에 커다랗게 Nano-Technology라고 쓰더니 수업을 시작했다.

나노 구조 만들기

지금 내가 화이트보드 위에 쓴 영어 단어가 무엇을 뜻하는

지 아는 사람은 손을 들어 보세요.

학생들의 절반 정도가 손을 들었다.

알고 있는 학생들이 많군요. 내가 쓴 영어 단어는 바로 나노 기술이라는 영어 단어예요. 지금까지 나노 기술을 이야기하기 위한 준비 작업이었다면 이제부터는 본격적인 나노 기술 이야기라고 할 수 있지요. 그렇다면 우선 나노 기술이 무엇인지에 대한 이야기부터 해야겠군요.

첫 번째 수업에서 나노 기술은 원자 또는 분자 단위에서 물질을 조작하는 기술이라고 설명했던 것을 아직도 기억하고 있을 거예요. 세상의 모든 물질이 원자와 분자로 이루어졌다는 것은 다들 알고 있지요? 세상에 존재하는 원자의 종류는 겨우 110여 가지예요. 하지만 이 원자로 만들 수 있는 물질의 가지 수는 셀 수 없을 정도로 많아요. 그것은 원자의 배열 방법을 달리하면 얼마든지 새로운 물질을 만들 수 있기 때문이지요.

지금까지 사람들은 물질을 만들어 쓰기보다는 자연에서 만들어진 물질을 이용해 왔어요. 따라서 어떤 물질은 우리가 사용하는 데 필요한 여러 가지 성질을 가지고 있지만 어떤 물질은 그렇지 못해요. 만약 우리가 마음대로 원자를 배열하여 원하는 물질을 만들 수 있다면 훨씬 유용한 물질을 만들 수 있을 거예요.

가벼우면서도 아주 강해서 잘 깨지지 않는 물질을 만들 수도 있을 것이고, 가늘면서도 자동차도 들어 올릴 수 있을 정도로 강한 끈을 만들 수도 있을 거예요. 마음대로 모양을 변형시키면서도 불에도 강한 물질을 만들 수도 있고, 전기를 아주 잘 통하게 하는 물질도 만들 수 있을 거예요. 그뿐만 아니에요. 만약 우리가 유전 정보를 마음대로 조작할 수 있다면 지금으로서는 상상도 할 수 없는 여러 가지 일을 할 수 있

게 될 거예요. 인간을 비롯한 모든 생명체의 구조와 기능을 결정하는 것은 DNA 분자 속에 들어 있는 유전 정보거든요. 물론 DNA의 유전 정보를 조작하는 것에 대해서는 많은 논의가 필요해요.

분자 단위 다시 말해 나노 단위에서의 물질의 조작이 이렇게 중요한 이유는 분자의 구조가 물질의 성질을 결정하기 때문이에요. 지금까지의 이야기만으로도 나노 크기에서 물질을 다루는 것이 얼마나 중요한지 알 수 있을 거예요. 그렇다면 나노 크기의 구조를 만드는 데는 어떤 방법이 있을까요?

위에서 아래로

나노 기술이란 앞에서 이야기한 것처럼 나노 크기를 가지는 유용한 구조를 만들어 내는 기술이에요. 그렇다면 나노 크기의 구조는 어떤 방법으로 만드는 것이 가장 효과적일까요?

나노 크기의 구조를 만들어 내는 방법에는 두 가지가 있어요. 하나는 큰 것을 깎고 또 깎아 아주 작은 물체나 기계를 만드는 방법이지요. 이것을 위에서 아래로 내려가는 기술이라고 해요. 처음 이런 방법을 제안한 사람은 나노 세계의 중요성을 처음으로 지적한 미국의 물리학자 파인먼이에요.

파인먼은 끌을 이용하여 재료를 깎아 작은 끌을 만들고, 이렇게 만든 작은 끌로 재료를 깎아 더 작은 끌을 만드는 방법을 되풀이하면 나노미터 크기의 끌을 만들 수 있을 것이라고 이야기했어요. 물론 끌은 우리가 사용하는 도구를 대표하는 것이지 꼭 물건을 깎는 끌만을 의미하는 것은 아니에요. 파인먼은 이런 방법으로 원자 하나까지 움직일 수 있는 도구를 만들면 많은 새로운 일을 할 수 있을 것이라고 제안했어요.

파인먼의 제안이 매우 추상적인 것이었지만 과학자들 중에

는 더 작은 도구를 만들기 위해 노력하는 사람들이 나타났어요. 파인먼이 더 작은 도구를 만드는 방법으로 나노 기술을 발전시킬 수 있을 것이라는 강연을 한 것은 1959년 12월이었어요. 이때 그는 0.4mm^3 크기의 모터를 만드는 사람에게 1,000달러의 상금을 주겠다는 이야기도 했어요. 아마 파인먼이 이런 문제를 낸 것은 실제로 상금을 주겠다는 생각에서가 아니라 이렇게 작은 모터를 만드는 데 오랜 시간이 걸릴 것이라고 생각했기 때문이었을 거예요.

그러나 11개월 후인 1960년 11월 그런 크기의 모터를 실제로 만든 사람이 나타났어요. 이것은 아직 나노 기술이라고

머리카락을 깎아 만든 포도주 잔

하기에는 너무 큰 모터였지만 나노 기술을 향해서 아주 빠르게 발전하고 있다는 것을 잘 나타내는 예라고 할 수 있어요.

2000년 12월에 일본에서는 이온 빔으로 물질 표면의 원자들을 깎아내 나노 크기의 포도주 잔을 만드는 데 성공했어요.

전자를 얻거나 잃어서 전기를 띠게 된 원자인 이온은 전기장을 이용하여 쉽게 가속시킬 수 있어요. 물체 표면에 있는 원자를 떼어내기 위해서는 원자 크기의 도구가 필요하지요. 이온 빔이 바로 그런 도구로 사용된 거예요. 일본의 과학자들은 컴퓨터를 이용하여 조종되는 이온 빔을 머리카락에 쏘여서 머리카락 위에 포도주 잔 크기의 물체를 조각내는 데 성공한 것이지요. 0.1mm 굵기의 머리카락 위에 만들어진 포도주 잔의 크기는 적혈구 크기의 3분의 1밖에 안 되었다고 해요. 이 포도주 잔은 가장 작은 포도주 잔으로 기네스북에도 올라 있다고 하네요. 이것은 커다란 물건을 깎아 작은 물체를 만드는 기술이 어디까지 와 있는지를 나타내는 예라고 할 수 있어요.

그러나 큰 것을 깎아내 더 작은 물체를 만드는, 위에서 아래로 향하는 기술은 새로운 기술이 아니라고 할 수 있어요. 인류는 이미 오래전부터 이 방법을 사용해 오고 있었으니까

요. 사람들은 항상 더 작으면서도 성능이 좋은 기계를 만들기 위해 노력해 왔어요. 그러나 기술이 발전하지 못했던 옛날에는 기껏해야 밀리미터 크기의 도구를 만드는 것이 전부였겠지요. 손톱 크기의 성경을 만들고, 겨우 볼 수 있는 시계를 만드는 것과 같은 기술이었지요.

하지만 19세기 이후 기술이 발전하면서 더 작고 정밀한 도구를 만들려는 노력은 상당한 성공을 거두었어요. 그래서 20세기 말에는 나노 기술에까지 이르게 되었던 것이지요. 아주 작은 도구나 구조를 만든다는 생각을 할 때 큰 것을 깎거나 조작하여 더 작은 것을 만드는 방법을 먼저 생각하게 되는 것은 이 기술이 오랜 역사를 가지고 있기 때문일 거예요.

그러나 내가 제안한 나노 기술은 위에서 아래로 향하는 이런 기술과는 전혀 다른 기술이었어요.

아래에서 위로

나는 큰 것을 깎아서 작은 것을 만드는 방법으로는 효과적으로 나노미터 크기를 가지는 물체나 기계를 만들 수 없을 것이라고 생각했어요. 원자를 움직일 수 있는 도구를 만들었다고 해도 원자를 일일이 움직여 필요한 구조를 만들어 내는 것은 가능하지 않을 것이라는 것이 내 생각이었지요.

생각해 보세요. 하나의 물체를 만들기 위해서는 셀 수도 없을 만큼 많은 원자들이 있어야 하는데 어떻게 그 많은 원자들을 일일이 움직여서 필요한 구조를 만들겠어요.

나는 나노 크기의 물질이나 도구를 만들기 위해서는 신의 방법을 배워야 한다고 주장했어요. 신은 커다란 물질을 깎아서 더 작은 도구를 만드는 것이 아니라 원자를 쌓아 올려서 새로운 물질을 만들잖아요. 그래서 나는 나노 구조를 원자나 분자를 쌓아 올려서 만들어야 한다고 생각하게 되었어요.

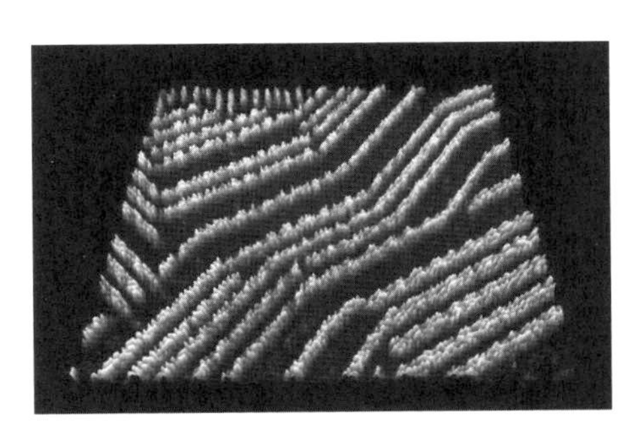

원자를 차례로 쌓아서 만든 반도체

나는 《창조의 엔진》이라는 책을 통해 어셈블러라는 기계를 제안했어요. 어셈블러(assembler)라는 영어 단어는 한국말

로 조립 장치 또는 합성 장치라고 번역할 수 있을 거예요. 따라서 이 단어는 특별한 의미를 가지고 있지는 않아요. 그냥 원자나 분자를 조작하여 원하는 구조나 물질을 만들어 내는 기계의 이름 정도로 생각하면 될 거예요. 실제로 그런 기계가 만들어진다면 아마 다른 멋있는 이름으로 불리게 될지도 모르지요.

그럼 원자나 분자를 마음대로 다룰 수 있는 내가 제안했던 어셈블러가 어떤 일을 할 수 있는지 알아볼까요? 우리가 매일 먹는 밥의 주성분은 탄수화물이에요. 탄수화물의 주성분은 탄소, 산소 그리고 수소이지요. 만약 내가 제안한 어셈블러가 실제로 있다면 이 기계에 산소와 탄소 그리고 수소를 넣은 다음 탄수화물을 만드는 프로그램을 돌리면 원자들을 제

자리에 배열하여 탄수화물을 만들 수 있을 거예요.

오늘 저녁에는 쇠고기 요리를 먹고 싶다고요? 그렇다면 쇠고기의 주성분이 되는 원소들을 어셈블러에 넣고 돌려 보세요. 그러면 먹음직한 쇠고기 요리가 되어 나올 거예요. 쇠고기 성분 원소들을 모르고 있어도 문제없어요. 소들이 먹는 풀에는 쇠고기를 만드는 데 필요한 모든 원소들이 다 들어 있을 거예요. 따라서 풀을 넣으면 어셈블러가 필요한 원소들을 골라낸 다음 차례로 배열하여 쇠고기를 만들어 주겠지요.

내가 제안한 어셈블러라는 기계가 너무 황당하고 공상 과학 같은 이야기라고요? 그렇게 생각하는 것을 충분히 이해할 수 있어요. 세상에 그런 요술 방망이 같은 기계가 어디에 있겠어요. 그런 기계가 있다면 얼마나 좋겠어요. 하지만 나는 공상 과학 소설가가 아니라 과학자예요. 과학자가 황당한 이야기를 하고 있을 수는 없지요. 내가 이런 어셈블러 이야기를 한 것은 그런 것이 실제로 있을 수 있기 때문이에요.

공상 과학에서나 나올 것 같은 그런 어셈블러는 실제로 존재하고 있어요. 자연 속에서 말이지요.

생각해 보세요. 식물은 영양분을 만드는 데 필요한 원소를 포함하고 있는 물과 공기 중의 이산화탄소를 이용하여 우리가 맛있게 먹을 수 있는 쌀이나 콩, 옥수수와 같은 곡식을 만

들잖아요.

동물도 마찬가지에요. 풀을 이용해 쇠고기를 만드는 기계가 어디에 있느냐고 묻겠지만 소가 바로 그런 기계라고 할 수 있어요. 소는 풀을 먹고 그 속에서 필요한 원자들을 가려낸 다음 규칙적으로 배열하여 우리가 맛있게 먹을 수 있는 쇠고기를 만들어 내잖아요. 식물이나 동물을 이루는 세포 속에는 리보솜이라는 기관이 있어요. 이 기관에서는 DNA에 들어 있는 프로그램에 따라 아미노산을 배열하여 여러 가지 단백질을 합성해 내지요. 우리 몸을 이루는 여러 가지 기관은 이 단백질을 재료로 하여 만들어져요. 따라서 리보솜이야말로 내가 제안한 어셈블러라고 할 수 있지요.

나는 식물이나 동물의 세포 속에서 실제로 일어나고 있는 일을 인간이 흉내 내지 못할 이유가 없다고 생각해요. 다시 말해 광합성 작용과 같은 작용을 하여 탄수화물을 합성할 수 있는 기계를 만들 수 있는 날이 틀림없이 올 것이라고 믿어요. 그런 어셈블러를 만들 수 있다면 원자를 배열하여 다른 여러 가지 물질을 만드는 것도 가능하지 않을까요?

내가 이런 어셈블러의 제작이야말로 나노 기술이라고 제안한 것도 벌써 30년 전의 일이 되었어요. 하지만 아직 누구도 그런 어셈블러를 만들지는 못했지요. 그래도 전혀 진전이 없었던 것은 아니에요.

내가 제안했던 것과 같은 완벽한 어셈블러는 아니더라도 기초적인 기능을 가진 어셈블러는 이미 제품의 생산에 이용되고 있어요. 예를 들어 컴퓨터 프로그램으로 조종되는 레이저를 이용하여 여러 가지 물질을 합성하고 있거든요. 앞으로 원자를 쌓아 원하는 물질을 만들어 내는 아래에서 위로의 기술은 더욱 발전할 거예요. 컴퓨터 프로그램으로 물리 반응과 화학 반응을 잘 통제하면 대량으로 원자들을 원하는 방법으로 쌓이도록 하는 것이 가능할 거예요.

최근에는 생명체에 내장되어 있는 유전 정보를 이용하여 우리가 원하는 물질을 합성해 내는 방법도 사용되고 있어요. 2004년에 미국 캘리포니아에서 조이스(Gerald Joyce, 1956~)와 그의 동료들은 작은 기계를 만드는 데 사용될 수 있는 작은 부품을 대량으로 생산하는 데 성공했다고 발표했어요.

그들은 지름이 22nm인 크기를 가지는 단단한 정팔면체 형태의 물체를 다량으로 만들어 내는 데 성공했어요. 그들이 만든 물체는 마치 단단한 고체를 기계적인 방법으로 잘라낸 것처럼 보였어요. 그러나 그 물체들은 생명체 내에 내장되어 있던 물질 합성 정보를 조금 조작하여 박테리아 안에서 만들어 낸 것이었어요.

이것은 내가 제안했던 컴퓨터 프로그램으로 작동하는 어셈블러와는 다른 것이었지만 나노 크기의 기계를 제작하는 데 사용될 수 있는 물질을 생산해 냈다는 데서 그 의의를 찾을 수 있어요. 따라서 앞으로 나노 기술은 생명 공학을 적극적으로 활용하는 방향으로 발전할 가능성이 아주 크다고 생각하고 있어요. 어쩌면 생명 공학적인 방법이 순수한 물리 화학적 방법보다 성공할 가능성이 클지도 몰라요.

스스로 작동하는 어셈블러

내가 생각한 어셈블러의 중요한 특징 가운데 하나는 자신 안에 모든 프로그램을 갖추고 있어서 스스로 작동할 수 있다는 것이에요. 이런 것을 자기 조직화라고 불러요. 자기 조직화란 어셈블러 안에 원자나 분자를 쌓아 올려 필요한 물질을 만들어 낼 수 있는 모든 프로그램이 내장되어 있다는 것을 뜻해요. 따라서 이런 어셈블러는 외부의 통제나 도움 없이 스스로 필요한 물질을 만들어 내게 되지요.

원자나 분자를 쌓아올려 필요한 물질을 합성하는 것도 쉬운 일이 아닌데 그것을 스스로 할 수 있는 어셈블러는 참으로 대단한 기계예요. 그러나 식물이나 동물의 세포는 이미 그런 기능을 다 가지고 있어요. 세포 내에서 새로운 물질을 합성할 때 누구의 명령을 받거나 통제를 받지 않아요. 세포 안에 이미 들어 있는 유전 정보가 작동하여 스스로 물질을 만들어 내는 것이지요.

세포는 세포막으로 둘러싸여 있어요. 세포벽은 세포의 안과 밖을 나누는 벽이라고 할 수 있어요. 그러나 세포막은 그냥 안과 밖을 나누는 벽이 아니에요. 물질의 종류를 스스로 판별하여 어떤 물질은 통과시키고 어떤 물질을 통과시키지 않는 그런 벽이지요. 다시 말해 세포막 안에 들어 있는 프로그램에 의해 스스로 작동하는 벽이라고 할 수 있어요. 스스로 물질을 판별하여 통과 여부를 결정할 수 있는 세포막의 이런 능력은 새로운 물질을 합성하는 어셈블러의 중요한 기능이 될 거예요.

그런데 만약 이렇게 스스로 작동하는 어셈블러가 만들어진다면 이런 어셈블러는 자신과 같은 일을 할 수 있는 새로운 어셈블러를 조립해 내는 일도 가능할 거예요. 따라서 하나의 어셈블러만 있으면 수많은 어셈블러를 만들어 낼 수 있고 이 어셈블러들은 제각각 많은 물질을 생산해 낼 수 있겠지요.

생명체의 가장 큰 특징 가운데 하나가 자신과 똑같은 일을

과학자의 비밀노트

어셈블러(assembler)

영어로 assemble은 '조립하다' 라는 뜻을 가진 동사이다. 따라서 assembler는 조립하는 사람 또는 조립 장치를 뜻하는 명사가 된다. 여기서는 원자와 분자들을 모아 자신과 같은 일을 할 수 있는 구조를 만드는 장치를 어셈블러라고 부른다. 따라서 어셈블러는 인간이 만들어 낸 작은 생명체라고 할 수도 있을 것이다.

할 수 있는 자손을 생산해 낼 수 있는 능력이지요. 나는 어셈블러도 결국에는 이런 능력을 가질 수 있게 될 것이라고 생각한 거예요. 생명체를 기계와 비교하는 것이 조금 마음에 걸리기는 하지만 사실 생명체도 물질로 만들어진 복잡한 기계라고 할 수 있잖아요?

스스로를 복제할 수 있는 나노 기계를 만들 수 있다면 그것은 나노 기술의 승리라고 할 수 있겠지요. 하지만 나는 그런 어셈블러가 인류에게 치명적인 해가 될 수 있다는 이야기도 했어요. 그런 어셈블러가 끊임없이 새로운 어셈블러를 생산해 내 세상의 물질을 모두 소모해 버리면 지구는 더 이상 인간이 살아갈 수 없는 세상이 될지도 모른다는 경고를 했어요. 후에 사람들은 내가 제안한 이런 위험한 어셈블러를 그레이 구라고 불렀어요. 그레이 구라는 것은 생명체가 아닌

물리적인 기술로 만든 잿빛 덩어리라는 의미였어요.

내가 제안했던 것과 같은 어셈블러가 아직 만들어지지 않았으므로 그레이 구도 아직 나타나지 않았어요. 하지만 나는 아직도 언젠가 그레이 구가 나타날 가능성이 있다고 생각하고 있어요. 그레이 구는 나노 기술의 발달이 가져올 부작용이라고 할 수 있겠지요.

지금까지의 경험을 통해 알 수 있듯이 새로운 기술의 발전에는 항상 부작용도 따르게 마련이거든요. 따라서 새로운 기술을 발전시킬 때는 부작용을 염두에 둘 필요가 있어요.

내가 나노 기술의 발전이 필요하다는 것을 설명하는 책에서 위험한 그레이 구를 이야기하는 것은 나노 기술을 발전시

키지 말자고 한 것이 아니라 나노 기술을 발전시키되 그 부작용을 염두에 두고 미리 대책을 세워야 한다는 것을 알리기 위해서였어요.

두 가지 방법의 상호 보완적 사용

지금까지 나노 크기의 구조를 만드는 두 가지 방법에 대해 설명했는데 두 가지 중의 하나만으로는 성공적으로 나노 기계를 만들어 낼 수 없을지도 몰라요. 따라서 가장 좋은 것은 두 가지 방법을 적절히 조화하여 상호 보완적으로 사용하는 방법일 거예요.

나는 아직도 원자를 쌓아 올려 원하는 구조를 만들어 내는 아래에서 위로의 기술이 앞으로 나노 기술의 주류를 이룰 것이라고 생각하고 있지만 큰 것을 깎아내어 작은 것을 만들어 온 오래된 기술들도 나노 기술의 발전에 크게 기여할 것으로 예상하고 있어요. 따라서 두 가지 방법이 서로 협력하여 상호 보완적으로 사용된다면 나노 기술은 더욱 빠르게 발전할 수 있을 거예요.

컴퓨터의 발전을 이끌어 온 반도체 산업 부분에서는 이미 두 가지 기술이 서로 조화를 이루어 컴퓨터 발전에 크게 기여했어요. 반도체를 이용하여 집적도가 높은 칩을 만들 때는 빛이나 화학 약품을 이용하여 반도체를 깎거나 부식시켜 원하는 구조를 만들어 내는 위에서 아래로의 기술과 반도체에 특정한 원자를 주입시켜 원하는 성질을 가지는 부품을 만들어내는 아래에서 위로의 방법이 함께 사용되고 있어요.

1990년 4월에 발간된 영국의 과학 잡지 〈네이처〉의 표지에는 아주 흥미로운 사진이 한 장 실렸어요. IBM 연구소의 아이글러 박사(Donald M. Eigler)와 동료들이 만든 이 사진은 영어로 'IBM'이라는 글자가 쓰여 있는 사진이었어요. 아무런 장식도 없이 그냥 알파벳 세 글자만 적혀 있는 이 사진이 전 세계의 화제가 되었지요. 이 글자는 원자로 쓰인 글자였

니켈 결정 위에 원자로 쓴 IBM

기 때문이었어요.

아이글러 박사는 원자를 볼 수 있는 주사 터널 현미경을 이용하여 원자 하나하나를 옮겨 크세논 원자 35개로 IBM이라는 글자를 니켈 결정 위에 새기는 데 성공했던 것이지요. 이 사진은 아직까지도 나노 기술의 발전을 대표하는 것으로 많은 책이나 논문에 인용되고 있어요. 이 글자를 쓴 기술은 원자 하나하나를 다룰 수 있는 도구를 만들었다는 의미에서는 위에서 아래로의 기술이라고 할 수 있지만, 원자 하나하나를 이어 붙여 글자를 썼다는 의미에서는 아래에서 위로의 기술이라고 할 수 있어요. 원자 하나하나를 옮기거나 조작하는 일은 결국 두 가지 방향의 기술이 합쳐진 것이라고 할 수 있지요.

앞으로 자세하게 설명하게 될 탄소 나노 튜브는 화학적인 방법으로 합성해 내지요. 따라서 이것은 아래에서 위로의 기술이라고 할 수 있어요. 그러나 만들어진 탄소 나노 튜브를 배열하여 원하는 부품을 만드는 것은 위에서 아래로의 기술이라고 할 수 있어요. 따라서 탄소 나노 튜브를 이용하여 만든 부품 역시 두 가지 기술이 서로 도와서 만들어 낸 제품이라고 할 수 있어요.

원자나 분자들의 행동을 조절하여 원하는 구조를 만들어

내는 아래에서 위로의 기술과 분자들을 마음대로 다룰 수 있는 도구를 개발하여 분자들이 만들어 내는 구조를 통제하는 위에서 아래로의 기술은 상호 보완적으로 사용될 수밖에 없다는 것을 이런 예를 통해 쉽게 알 수 있을 거예요.

어때요, 나노 기술 이야기가 재미있나요? 나노 기술은 우리가 앞으로 살아가야 할 세상을 바꾸어 놓을 새로운 기술이에요. 따라서 여러분처럼 미래를 이끌어 나갈 젊은 사람들에게 더욱 중요한 기술이라고 할 수 있지요.

오늘도 열심히 수업을 듣느라고 수고가 많았어요. 다음 시간에 다시 만나요.

수업을 마친 드렉슬러는 화이트보드 위에 큰 글씨로 'See You Tomorrow!'라고 써 놓고 학생들에게 손을 흔든 다음 교실을 나갔다.

만화로 본문 읽기

나노 기술은 원자 또는 분자 단위에서 물질을 조작하는 기술이라고 설명했던 거 기억해요?
세상의 모든 물질이 원자와 분자로 이루어졌다는 것과,
110여 가지의 원자가 그 배열방법에 따라 다양한 물질이 된다고 하셨어요.
굿! 굿!
그렇지요. 원자의 배열 방법을 달리하면 얼마든지 새로운 물질을 만들 수 있어요.
예를 들면, 가벼우면서도 잘 깨지지 않는 물질이라든가 강하면서도 마음대로 변형시킬 수 있는 물질을 만들 수 있어요.
상상만 해도 아주 신기한 것들이 만들어 질 것 같아서 재미있어요!

DNA 분자 속에 들어 있는 유전 정보를 마음대로 조작할 수 있다면 상상도 할 수 없는 여러 가지 일을 할 수 있게 될 거예요.
그렇다면 경민이를 공부도 잘하고 운동도 잘하고, 키 크고, 잘생긴 꽃미남으로 만들 수도 있다는 건가요?
공상의 날개
불가능할 것도 없죠. 하지만 그렇게 하는 것이 항상 좋은 것인지에 대해서는 잘 생각해야겠죠.
흠….
우캬캬

여섯 번째 수업

6

세상을 바꾸는 **반도체 기술**

컴퓨터에 사용되는 반도체 부품은 아주 작은 크기의 복잡한 회로가 들어 있습니다. 반도체 부품을 만드는 데는 어떤 나노 기술이 사용되는지 알아봅시다.

6

여섯 번째 수업

세상을 바꾸는 반도체 기술

교. 과. 연. 계.

고등 물리 II 2. 전기장과 자기장

드렉슬러가 거울을 가져와서 여섯 번째 수업을 시작했다.

반도체와 실리콘

드렉슬러가 둥근 거울을 가지고 교실에 들어왔다. 학생들은 모두 의아한 표정으로 거울을 바라봤다. 거울을 교탁 위에 올려놓은 드렉슬러는 주머니에서 작은 부품 하나를 꺼내 학생들에게 보여 주었다. 그러나 부품이 너무 작아 학생들은 그 부품의 생김새를 제대로 알아볼 수 없었다. 부품을 보여 주던 드렉슬러는 빙그레 웃으며 학생들을 둘러보고 수업을 시작했다.

여러분은 아마 내가 가지고 들어온 거울을 보고 의아하게 생각했을 거예요. 나노 기술 이야기에 웬 거울일까 하고 말이지요. 그러나 이 거울은 보통 거울이 아니에요. 거울처럼 보이지만 이것은 컴퓨터 칩을 만드는 데 사용되는 실리콘 웨이퍼예요. 모래 속에 가장 흔하게 들어 있는 실리콘을 녹였다가 원자들이 일정한 방향으로 배열하도록 잘 성장시키면 이런 웨이퍼가 만들어지지요. 이것이 없으면 컴퓨터를 만들 수 없으므로 이것은 현대 문명을 이루는 데 가장 중요한 재료라고 할 수 있어요.

그리고 이 작은 부품은 컴퓨터에 많이 사용하고 있는 메모리 칩이에요. 메모리 칩은 실리콘 웨이퍼에 전기 회로를 심

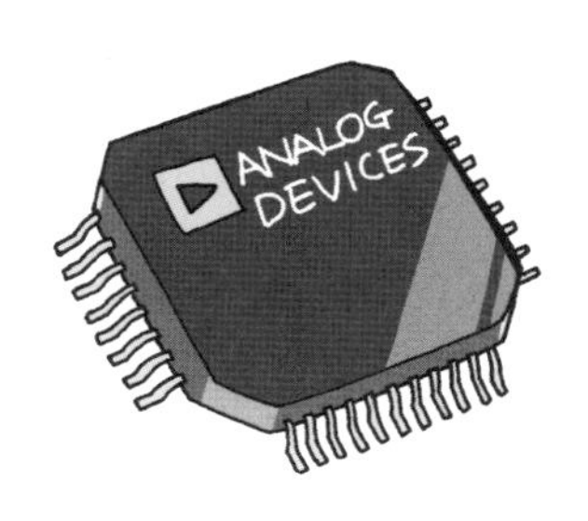

컴퓨터 칩

진공관

어서 만들지요. 그러니까 이렇게 큰 실리콘 웨이퍼를 이용하면 아주 많은 수의 메모리 칩을 만들 수 있어요. 이 메모리 칩이 너무 작아 뒤에 앉아 있는 학생들에게는 잘 보이지도 않을 거예요. 하지만 이 작은 메모리 칩에는 수백 권 책의 내용을 저장할 수 있어요.

오늘 내가 실리콘 웨이퍼와 메모리 칩을 가지고 온 것은 오늘 수업이 반도체 산업에서 사용되는 나노 기술에 관한 것이기 때문이에요.

오늘날 나노 기술이 가장 효과적으로 사용되고 있는 분야는 컴퓨터 부품을 만드는 반도체 산업 분야예요. 반도체가 사용되기 전에는 진공관이라는 부품이 사용되었어요. 라디오나 텔레비전에는 아주 작은 신호를 받아들여 우리가 듣고 볼 수 있는 큰 신호로 바꾸는 부품이 필요해요. 이런 일을 하

는 것이 필라멘트를 가열할 때 나오는 전자들을 이용하여 작은 신호를 큰 신호로 바꾸는 진공관이었어요. 1970년대까지만 해도 라디오나 텔레비전과 같은 전자 제품 속에는 빨갛게 달아오른 다음에야 작동하기 시작하는 진공관이 있었지요. 진공관은 어느 정도 크기를 가지고 있어야만 했기 때문에 작은 전자 제품을 만드는 데 큰 장애가 되었어요.

오늘날 컴퓨터가 이렇게 급속하게 발전하게 된 것은 과학자들이 진공관을 대신할 반도체 부품을 발명했기 때문이에요. 진공관을 대신하는 반도체 부품이 바로 다이오드와 트랜지스터예요. 전자 부품에 대해서 잘 모르는 사람들도 다이오드와 트랜지스터라는 이름은 대부분 알고 있더라고요. 아직

과학자의 비밀노트

증폭 작용과 정류 작용

여러 가지 일을 하는 전자기기에는 다양한 부품들이 복잡하게 들어 있다. 이들 전자 부품들이 하는 일들 중에서 가장 중요한 작용이 작은 신호를 큰 신호로 바꾸는 증폭 작용과 한 방향으로만 전류를 흐르게 하는 정류 작용이다. 반도체로 만든 트랜지스터와 다이오드가 이런 일을 하기 전에는 진공관이 이 일을 했었다. 진공관에 비해 훨씬 뛰어난 성능을 가진 반도체 부품이 사용되면서 전자 공학이 크게 발전할 수 있었다.

그런 이름을 들어 본 적이 없다고 해도 곧 자주 들어서 익숙하게 될 거예요.

반도체로 만든 다이오드나 트랜지스터와 같은 부품들은 값이 싸고, 전력 소비가 작으며, 수명이 영구적이라는 특징을 가지고 있어요. 반도체 제품은 이런 특징들 외에 더 중요한 특징을 하나 더 가지고 있어요. 그것은 바로 얼마든지 작게 만들 수 있다는 것이에요.

물질은 전기가 잘 통하는 도체와 전기가 통하지 않는 부도체로 나눌 수 있어요. 그렇게 나누다 보면 전기가 조금만 통하는 물질도 있을 것이에요. 도체보다는 전기를 잘 통하지 않고 부도체 보다는 전기를 잘 통하는 물질이 바로 반도체예요. 전기를 잘 통하는 것도 아니고, 전기가 통하지 못하도록 막아 주지도 못하는 반도체가 한때는 가장 쓸모없는 물질처럼 보이기도 했지요. 그런 물질이 바로 실리콘이나 게르마늄 같은 물질이에요. 모래 속에 가장 많이 포함되어 있는 실리콘은 지구상에 가장 흔한 물질 중의 하나지요.

불순물을 제거한 순수한 실리콘을 응고시켜 결정을 만들면 실리콘 원자들이 규칙적으로 배열된 단결정 실리콘을 얻을 수 있어요. 조금 전에 보여 준 실리콘 웨이퍼가 바로 단결정 실리콘이에요. 실리콘 웨이퍼가 거울처럼 반짝이는 것은 실

리콘 원자들이 모두 한 방향으로 배열해 있기 때문이에요.

실리콘과 같은 반도체에 특정한 원소를 포함시키면 재미있는 성질을 가진 새로운 반도체를 만들 수 있어요. 이렇게 만들어진 새로운 반도체를 잘 이어 붙이면 진공관이 하던 일과 같은 일을 하는 다이오드나 트랜지스터를 만들 수 있어요. 컴퓨터 안에는 수없이 많은 다이오드나 트랜지스터를 포함하고 있는 칩이 내장되어 있어요. 복잡한 계산을 해내는 CPU도 그런 칩 중의 하나이고, 많은 양의 정보를 저장하는 메모리도 그런 칩 중의 하나예요.

따라서 컴퓨터가 발전하는 과정에서 가장 핵심적인 역할을 한 기술은 하나의 칩 속에 얼마나 많은 트랜지스터와 다이오드를 심어 넣을 수 있는가 하는 기술이었지요. 이런 기술을 집적 기술이라고 해요. 세계 각국의 대기업들은 더 작은 칩 속에 더 많은 부품을 심어 넣기 위한 무한 경쟁에 돌입했지요. 따라서 컴퓨터 칩을 만드는 공정에 가장 먼저 나노 기술이 적용되었어요. 반도체 기술이 얼마나 빠르게 발전하고 있는지를 나타내는 무어의 법칙에 대해 알아볼게요.

무어의 법칙

미국에 있는 세계에서 가장 큰 반도체 회사인 인텔사를 창업한 고든 무어(Gordon Moore, 1929~)는 1965년에 반도체로 만든 집적 회로의 성능이 18개월마다 두 배씩 향상되어 10년이면 100배나 좋아질 것이라는 말을 했어요. 후에 사람들은 이것을 무어의 법칙이라고 부르게 되었지요. 이것은 컴퓨터 칩의 집적도가 3년마다 4배 증가한다는 것을 뜻해요. 이것은 엄청난 발전 속도예요. 이 법칙에 따르면 3년의 6배인 18년이면 16,384배가 된다는 뜻이거든요.

지난 40년 동안 반도체로 만든 컴퓨터 칩은 무어의 법칙에 의해 발전해 왔어요. 그것은 하나의 칩에 더 많은 부품을 심을 수 있게 되었다는 것을 뜻하고, 그것은 하나의 부품이 더 작아졌다는 것을 뜻해요.

여러분은 아마 컴퓨터에 사용되고 있는 메모리에 대해 어느 정도 알고 있을 거예요. 요즈음은 보통 몇 GB(기가바이트)의 저장 능력을 가진 메모리 칩이 컴퓨터에 사용되고 있더군요. 1960년대에는 $1cm^2$ 크기의 칩 위에 1,000개 정도의 트랜지스터를 심을 수 있었어요. 그러다 1970년대 이후 집적 기술은 놀라운 속도로 발전을 거듭했어요. 1970년 말까지는

64kB의 용량을 가진 칩이 개발되었고 현재는 기가바이트의 용량을 가지는 칩들이 널리 사용되고 있어요.

이렇게 집적도가 높은 칩을 생산하기 위해서는 $1cm^2$ 크기의 칩 위에 1,000억 개 이상의 트랜지스터를 심어 넣어야 해요. 1,000억 개의 트랜지스터라니 믿어지나요? 이렇게 많은 수의 트랜지스터를 작은 칩에 심어 넣기 위해서는 하나의 트랜지스터가 아주 작아야 돼요. 이런 칩에 들어가는 트랜지스터의 크기는 약 100nm 정도 크기를 가지고 있어요. 그것은 컴퓨터 칩을 만드는 기술은 이미 나노 기술에 접근해 있다는 것을 뜻해요.

리소그래피

하나의 칩에 100nm 크기의 트랜지스터를 10억 개나 심는 것은 어떤 기술일까요? 트랜지스터를 하나하나 만들어서 연결하여 칩 하나를 만드는 데도 수십 년이 걸릴 거예요. 과학자들은 그런 미련한 방법을 사용할 사람들이 아니에요. 그들은 리소그래피라는 새로운 방법을 개발해 냈어요.

리소그래피는 빛과 화학 약품을 이용해 전기 회로를 반도체 위에 심는 기술이에요. 회로를 반도체 위에 심기 위해서는 우선 전기 회로를 그려야 하겠지요? 사람의 손으로 그리거나 컴퓨터로 회로를 그리면 회로를 아주 작게 그릴 수가 없어요. 그래서 우선은 커다란 회로 그림을 그리지요. 이 그림을 마스크라고 부르는 유리판 위에 옮겨 그려요. 그런 다음 빛을 이용해 이 회로도를 반도체 위에 비춰요. 이때 렌즈를 이용하여 빛의 초점을 맞추면 큰 그림을 작게 만들어 반도체 위에 비출 수 있어요.

반도체 위에는 감광제라는 화학 약품이 발라져 있어요. 빛을 받으면 화학 작용을 해서 성질이 달라지는 화학 약품을 감광제라고 해요. 회로 그림이 감광제 위에 비추면 빛이 비춘 부분과 빛이 비추지 않은 그림자 부분이 서로 다른 화학적 성질을 갖게 되지요. 그러면 다른 화학 약품을 이용하여 빛이 비춘 부분만을 부식시키든지 반대로 빛이 비추지 않은 부분을 부식시켜서 반도체 위에 회로가 만들어지게 돼요.

여기에 필요에 따라 여러 가지 이온을 원하는 부분에 심어 넣기도 하지요. 이온을 심어 넣는 방법도 생각보다 간단해요. 감광제를 이용하여 이온을 심어야 할 부분만 노출되도록 한 다음 빠른 속도로 이온을 표면에 충돌시키면 노출된 부분에만 이온이 심어지지요. 이런 방법을 이용하면 트랜지스터

하나하나를 만들어 심지 않고도 많은 수의 트랜지스터가 연결된 전기 회로를 한꺼번에 반도체 위에 심을 수 있어요.

컴퓨터 칩을 만드는 과학자들은 더 작은 트랜지스터를 더 많이 심기 위해 노력해 왔어요. 현재는 레이저를 이용하여 회로를 실리콘 웨이퍼 위에 심고 있는데 레이저로는 100nm보다 작은 선을 그리는 것이 어려워요. 따라서 작은 칩에 더 많은 전기 회로를 심기 위해서는 현재 사용하는 레이저보다 파장이 짧은 전자기파나 전자를 사용하는 방법도 연구되고 있어요.

그래서 최근에는 엑스선과 같은 파장이 짧은 전자기파나 전자 빔을 레이저 대신 사용하기도 해요. 그러나 파장이 짧은 새로운 빛을 사용한다고 해도 회로를 이루는 선의 굵기를 가늘게 하는 데는 한계가 있을 거예요. 선이 가늘어져 서로 가까워지면 서로 영향을 주게 되어 제대로 작동하지 않을 수도 있거든요. 그래서 최근에는 기존의 반도체 칩을 이용하는 컴퓨터와는 전혀 다른 컴퓨터가 개발되고 있어요. 그런 컴퓨터를 양자 컴퓨터라고 불러요.

양자 컴퓨터

양자 컴퓨터는 원자나 분자 하나에 정보를 저장하는 컴퓨터예요. 아직 양자 컴퓨터는 연구 단계에 있고 빠른 시일 안에 실제로 만들어져 사용될 가능성은 그리 크지 않지만 그런 컴퓨터가 실제로 만들어진다면 그것은 또 다른 컴퓨터 혁명을 가져올 거예요. 양자 컴퓨터는 단순히 원자나 분자처럼 작은 물체에 정보를 저장한다는 기술적인 의미 외에도 현재 우리가 컴퓨터에 사용하고 있는 정보 처리 방법을 근본적으로 바꾸는 것이 될 것이기 때문이에요.

앞으로 개발될 양자 컴퓨터와 현재 우리가 사용하고 있는 컴퓨터의 가장 큰 차이점은 정보 처리 방법이 다르다는 것이에요.

현재 우리가 사용하는 정보 신호는 0과 1로 이루어진 2진법 신호예요. 예를 들어 현재의 컴퓨터는 0과 1의 두 가지 숫자만 사용하기 때문에 2는 10이라고 나타내고 3은 11, 4는 100으로 나타내요. 5는 101, 6은 110, 7은 111, 8은 1000이 되지요. 따라서 큰 수를 나타내려면 많은 자리수가 필요해요.

그러나 양자 컴퓨터에서는 하나의 단위가 여러 가지 신호

를 구별할 수 있기 때문에 훨씬 큰 수도 간단하게 나타낼 수 있어요. 따라서 양자 컴퓨터가 개발되면 현재 사용하는 가장 빠른 컴퓨터로 수백 년에서 수천 년 걸릴지도 모르는 계산을 빠른 시간 안에 할 수 있게 될 거예요. 이런 컴퓨터는 의약품 개발, 새로운 재료의 개발, 물리 · 화학 연구 분야에서 널리 사용될 수 있을 거예요.

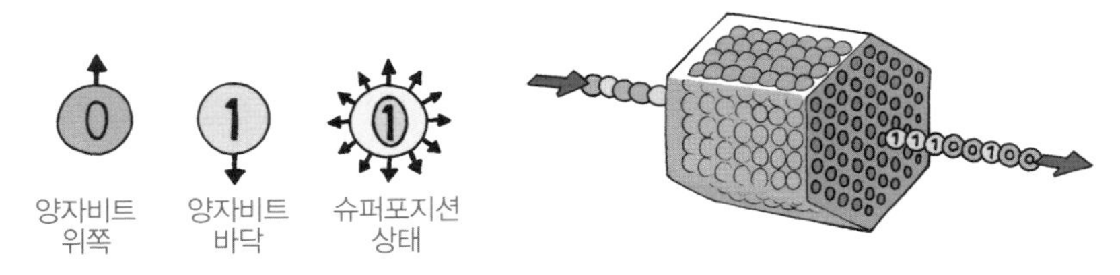

양자 컴퓨터의 연산 처리 방식

과학자의 비밀노트

양자비트

일반 컴퓨터의 논리 회로는 0과 1로 표시되는 2진법의 비트를 이용한다. 그러나 양자 컴퓨터는 일반 컴퓨터와는 전혀 다른 원리로 작동한다. 즉, 양자 역학에서는 입자의 상태가 서로 다른 상태의 중첩으로 나타내진다. 이런 상태를 응용한 양자 컴퓨터에서는 이른바 '큐비트(Qbit)'라 불리는 양자비트 하나로 0과 1의 두 상태를 동시에 나타낼 수 있다. 따라서 데이터를 병렬적으로 동시에 처리할 수도 있고, 또한 큐비트의 수가 늘어날수록 처리 가능한 정보량도 기하급수적으로 늘어나게 되어 연산 속도가 일반 컴퓨터와 비교할 수 없을 만큼 빨라진다.

양자 역학의 원리를 컴퓨터 연산에 이용할 수 있다고 처음으로 제안한 사람은 나노 기술의 가능성을 처음으로 제안한 파인먼이었어요. 1980년대 초에 파인먼이 양자 역학적 현상을 이용한 양자 컴퓨터의 가능성을 처음으로 제시한 후 1985년 옥스퍼드 대학의 도이치(David Deutsch, 1953~) 교수가 양자 역학적 현상을 이용한 데이터 처리가 이론적으로 가능하다는 것을 증명하는 논문을 발표했어요. 그 후 많은 과학자들이 양자 컴퓨터의 가능성을 확인하는 실험 연구를 하였어요.

그러나 양자 컴퓨터를 실제로 만들기까지는 앞으로도 많은 시간이 필요할 것으로 보여요. 학자들 중에는 양자 컴퓨터는 영원히 만들지 못할 것이라고 주장하는 사람들도 있어요. 그러나 지금 우리가 사용하는 컴퓨터가 처음 나왔을 때도 이런 컴퓨터는 널리 사용될 수 없을 것이라고 주장하는 사람들이 있었거든요. 따라서 원자 단위에 정보를 저장하는 양자 컴퓨터의 시대도 틀림없이 올 것이라고 생각해요.

지난 시간 수업에 나노 기술은 현재의 기술이라기보다는 미래의 기술이라는 이야기를 했었는데, 오늘 이야기를 하다 보니 나노 기술은 이미 우리가 널리 사용하고 있는 기술이라는 생각이 드는군요. 그래요. 컴퓨터 부품을 만드는 반도체

산업 분야에서는 나노 기술이 이미 널리 사용되고 있어요.

다음 시간에는 나노 기술의 가장 큰 성과라고 할 수 있는 새로운 소재 이야기를 할 생각이에요. 그럼 다음 시간에 다시 만나기로 하지요.

수업을 마친 드렉슬러는 실리콘 웨이퍼와 반도체 칩을 학생들이 돌려가며 볼 수 있도록 학생들에게 주고 교실을 나갔다.

만화로 본문 읽기

웬 모래 장난?
반도체가 뭘로 만들어지는 줄 알아?
바로 이 모래로 만드는 거야!
거짓말!
진짜예요. 모래 속에 가장 흔하게 들어 있는 실리콘을 녹였다가 원자들이 일정한 방향으로 배열하도록 만든 웨이퍼로 반도체를 만드는 거랍니다.

그렇게 만들어진 반도체로 바로 이런 메모리 칩을 만드는 거죠?
그래요. 컴퓨터에 많이 사용하고 있는 메모리 칩은 실리콘 웨이퍼에 전기 회로를 심어서 만들지요.
도체보다는 전기를 잘 통하지 않고 부도체보다는 전기를 잘 통하는 반도체는 컴퓨터에만 쓰이는 게 아니라 다양한 전자 제품에 사용되고 있지요.

그럼, 혹시… 요즘 진공관 때문에 뚱뚱했던 텔레비전이 넓고 얇아진 것도 다 반도체 덕분인가요?
그렇다고 할 수 있죠. 반도체가 진공관 대신 사용되는 좋은 예로군요!

이렇게 쓸모가 많은 모래이니 앞으로는 '모래성이 허무하다'느니 '사상누각'이라는 말은 함부로 쓸 수 없겠는데요.
그거 말 되네!

일곱 번째 수업

7

새로운 **나노 소재**

나노 기술을 이용하여 개발한 새로운 나노 소재에는 어떤 것이 있을까요? 대표적인 나노 소재라고 할 수 있는 탄소 나노 튜브에 대해 알아봅시다.

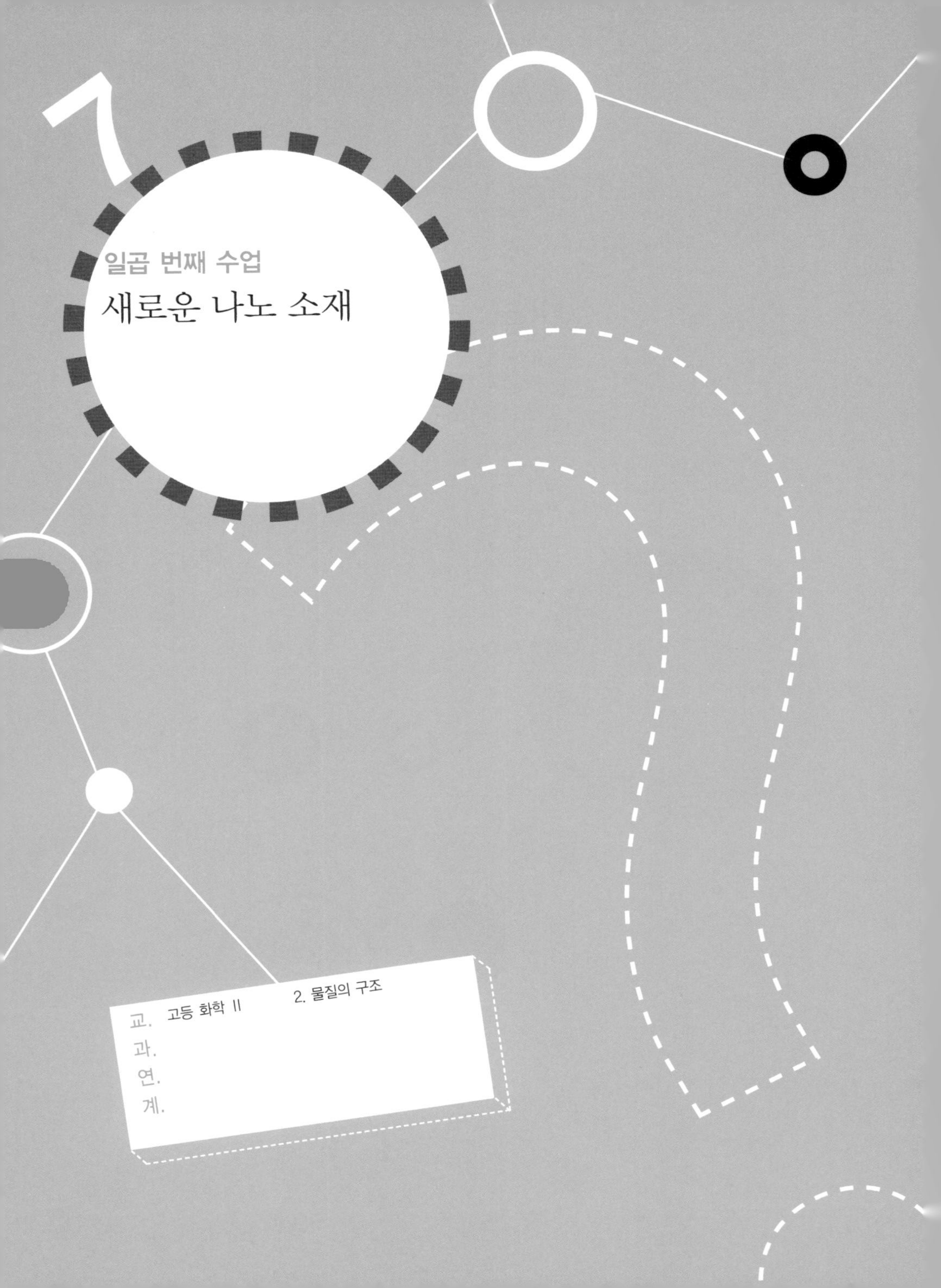

7

일곱 번째 수업

새로운 나노 소재

교. 과. 연. 계.

고등 화학 II 2. 물질의 구조

드렉슬러가 축구공을 들어 보이며 일곱 번째 수업을 시작했다.

흑연과 다이아몬드

드렉슬러가 축구공을 들고 교실 문 앞에 서 있었다. 학생들은 축구공을 보자 저마다 수군거렸다. 드렉슬러는 학생들에게 축구공을 들어 보이며 나가자는 시늉을 했다. 학생들이 박수를 치며 좋아했다.

날씨도 좋은데 밖에 나가 축구를 하는 것도 좋겠지요. 하지만 이제 본격적인 나노 기술 이야기가 시작되었으니 축구는 수업이 끝난 뒤에 하도록 해요. 내가 왜 축구공을 가지고 왔

는지는 수업을 듣다 보면 알 수 있을 거예요. 그럼 축구공은 잠시 옆에 놓아두고 나노 기술 이야기를 계속 해 볼까요?

나노 기술 분야에서는 새로운 물질의 개발이 가장 중요한 과제가 되고 있어요. 실제로 나노 기술을 이용하여 여러 가지 재미있는 성질을 가진 새로운 물질이 발견되거나 발명되었어요.

그중에서 가장 주목을 받고 있는 물질이 풀러렌(fullerene)과 탄소 나노 튜브(CNT, carbon nano tube)일 거예요.

앞에서 연필심으로 사용되고 있는 흑연과 보석으로 사용되고 있는 다이아몬드가 모두 탄소로 이루어졌다는 이야기를 했던 것을 기억하고 있을 거예요. 오래 전부터 탄소로 만들어진 결정체는 흑연과 다이아몬드의 두 가지가 있는 것으로 알려져 있었어요. 결정체란 원자들이 규칙적으로 배열되어 만들어진 물질을 말해요. 사람들은 똑같은 탄소로 만들어진 흑연과 다이아몬드가 하나는 잘 부서지는 연한 물질이고, 다른 하나는 세상에서 가장 단단한 물질이라는 것을 참 신기하다고 생각해 왔어요.

흑연을 이루는 탄소들은 육각형으로 층층이 쌓여 있는 구조를 하고 있어요. 똑같은 크기를 가지는 동전 여섯 개를 빙 둘러 가면서 배열해 보세요. 여섯 개의 동전이 육각형을 이루며 배열될 거예요. 이렇게 육각형으로 배열된 동전으로 바닥을 모두 채워 보세요. 그 다음에는 이 동전들 위에 다시 똑같은 방법으로 동전들을 배열해 보세요. 이렇게 동전을 쌓아가는 식으로 탄소 원자들이 배열해 있는 것이 흑연이에요. 물론 납작한 동전을 쌓는 것과 둥근 공 모양의 원자를 쌓는 것은 다른 일일 거예요.

흑연이 탄소로 이루어졌으면서도 연한 물질이 되는 것은 이 같은 배열 방법 때문이에요. 같은 평면 위에서 고리를 형성하고 있는 탄소 원자들 사이의 결합력은 강해요. 하지만 아래층과 위층 사이의 결합력은 그다지 강하지 않지요. 흑연

이 연한 물질이 된 것은 수직 방향의 결합력이 강하지 않기 때문이에요. 이 때문에 흑연은 잘 부서져 얇은 판을 형성하지요. 흑연은 연필심이나 전지의 전극, 마찰을 적게 하는 윤활 물질 등으로 사용되고 있어요.

흑연과는 달리 다이아몬드를 이루는 탄소 원자들은 모든 방향으로 똑같이 배열되어 있는 입체적인 구조를 하고 있어요. 따라서 다이아몬드를 이루고 있는 탄소 원자들은 모든 방향으로의 결합력이 아주 강해요. 이 때문에 다이아몬드는 세상에서 가장 단단한 물질이 되었고, 가장 귀한 보석 대접을 받게 된 거예요.

흑연과 다이아몬드가 똑같이 탄소로 만들어진 물질이면서

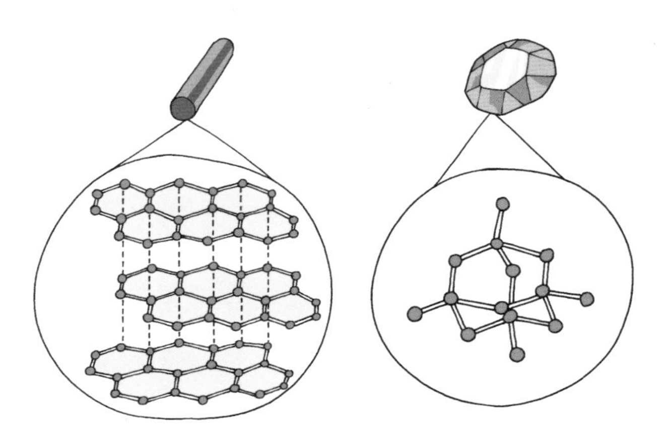

흑연과 다이아몬드의 분자 구조

도 전혀 다른 성질을 가지게 된 것은 이렇게 원자가 쌓여지는 방법이 다르고 그에 따라 원자 사이의 결합력이 달라졌기 때문이에요.

그렇다면 탄소 원자들을 흑연이나 다이아몬드를 만드는 방법과 다른 방법으로 쌓으면 또 다른 물질을 만들 수는 없을까요? 과학자들은 그런 물질을 찾아냈어요. 그런 물질이 바로 풀러렌과 탄소 나노 튜브예요. 이 두 가지 물질은 앞으로 나노 기술이 발전해 가는 과정에서 핵심적인 역할을 할 가장 중요한 물질이 될 거예요.

과학자의 비밀노트

탄소 동소체

동소체란 같은 원소로 구성되어 있지만 결정 구조가 달라서 다른 성질을 가지게 된 물질을 말한다. 예를 들어 다이아몬드와 흑연은 모두 탄소 원소로 이루어져 있지만 원자의 배열 방법이 달라 전혀 다른 성질을 가지게 된다. 탄소 원소로 이루어진 동소체에는 이외에도 풀러렌, 탄소 나노 튜브 등이 있다는 것이 알려졌다. 최근 연구로 풀러렌에도 여러 종류가 있으며 탄소 나노 튜브에도 여러 가지 다른 구조의 탄소 나노 튜브가 있다는 것이 밝혀졌다. 산소로 이루어진 산소 기체(O_2)와 오존(O_3)도 동소체이다.

풀러렌

1985년에 미국 라이스 대학에서 흑연에 빛을 비추어 기화시켰을 나오는 기체의 분자의 구조를 연구하던 스몰리(Richard Smalley, 1943~2005) 교수가 흑연이나 다이아몬드와는 전혀 다른 구조를 하고 있는 탄소 결정체를 발견했어요. 스몰리 교수는 풀러렌을 발견한 공로로 1996년에 노벨 화학상을 받았어요. 풀러렌의 발견이 얼마나 중요한 발견이었는지 이것만 보아도 알 수 있을 거예요.

풀러렌은 60개의 탄소 원자가 육각형과 오각형 그물처럼 연결된 후에 커다란 공과 같은 형태로 배열되어 있는 결정체였어요. 이제 왜 내가 축구공을 가지고 왔는지 알겠지요? 축구공은 표면이 육각형과 오각형의 조합으로 구성되어 있어요. 그러니까 풀러렌은 축구공을 이루는 오각형과 육각형의 꼭짓점에 탄소 원자가 들어가 있는 형태라고 할 수 있어요.

풀러렌은 미국의 건축가 벅민스터 풀러(Richard Buckminster Fuller, 1895~1983)가 설계하여 지은 돔과 구조가 비슷했기 때문에 처음에는 벅민스터풀러렌이라고 불렀어요. 그러다가 긴 이름을 짧게 줄여 차츰 버키볼 또는 풀러렌이라고 부르게 되었지요.

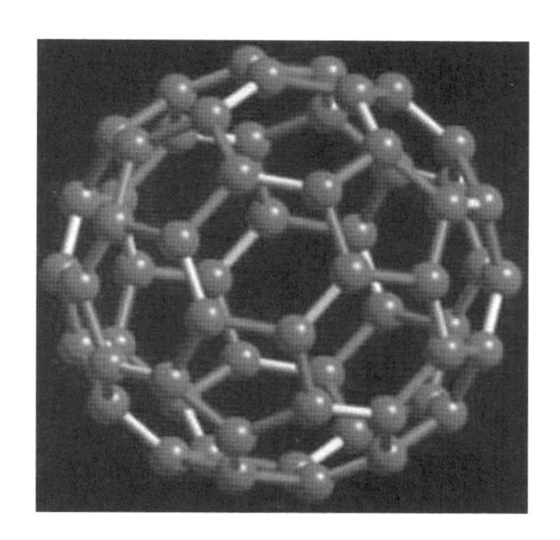

풀러렌의 분자 구조 모형

후에 풀러렌은 탄소 원자 60개로 이루어진 C_{60} 분자뿐만 아니라 70개의 탄소 원자로 이루어진 C_{70}, 74개의 탄소 원자로 이루어진 C_{74} 등 다양한 크기의 분자가 존재한다는 것이 밝혀져 이런 분자들을 풀러렌 가족이라고 부르기도 하지요. 풀러렌 가족 중에서는 60개의 탄소 원자로 이루어진 C_{60}이 가장 많이 연구되고 있어요. 그 이유는 C_{60}이 다른 풀러렌들에 비해 비교적 쉽게 만들어 낼 수 있기 때문이에요.

아직 풀러렌이 널리 사용되고 있지는 않지만 이것이 가지고 있는 독특한 성질을 이용하려는 시도는 계속되고 있어요. 탄소 원자들이 대칭적으로 결합되어 만들어진 풀러렌은 매

우 단단해서 강한 힘을 가해도 부서지거나 변형되지 않는 성질을 가지고 있어요. 따라서 처음에는 잘 닳지 않는 베어링과 같은 부품을 만들기 위한 연구가 진행되었어요.

그러다가 풀러렌이 많은 과학자들의 관심을 끌게 된 것은 C_{60}에 금속을 첨가하면 초전도체가 된다는 연구 결과가 발표된 이후부터라고 할 수 있어요. 초전도체는 아주 낮은 온도에서 전기 저항이 0이 되는 물질을 말해요. 보통 물질에서 초전도체로 변하는 온도를 전이 온도라고 하지요. 가능하면 전이 온도가 높은 물질, 다시 말해 좀 더 쉽게 초전도체가 될 수 있는 물질을 찾고 있던 과학자들은 C_{60}에 칼륨이나 루비듐을 첨가할 경우 전이 온도가 30K이상이 된다는 것을 발견했어요. 절대 온도 30K이란 섭씨 영하 243℃를 뜻하지요. 루비듐과 탈륨을 함께 첨가한 경우에는 전이 온도가 42.5K이 된다는 연구 결과도 발표되었어요. 따라서 많은 과학자들이 풀러렌을 이용하여 더 높은 전이 온도를 가지는 초전도체를 개발하려는 연구를 계속하고 있어요.

그 밖에도 풀러렌을 이용하여 새로운 물질을 만들어 내려는 노력은 계속되고 있어요. 풀러렌의 독특한 구조가 다른 물질의 화학 반응을 촉진시켜 새로운 물질을 만들어 내는 데 도움을 줄 수 있을 거라고 생각하고 있기 때문이지요. 이 밖에도 풀러렌은 고분자 물질, 화학 반응의 촉매, 빛을 내거나 빛을 이용하는 광학 재료, 수소 저장 장치, 다이아몬드의 제조, 전지의 제조, 의학적 응용 등 다양한 용도로 사용될 가능성이 많은 물질이라고 생각하고 있어요. 탄소 원자로 이루어진 제3의 분자인 풀러렌은 오래지 않아 우리 생활을 바꿔 놓는 중요한 물질이 될 거예요.

탄소 나노 튜브

지금까지 발견된 새로운 물질 중에서 탄소 나노 튜브만큼 많은 과학자들의 관심을 끈 물질은 아마 없을 거예요. 탄소 나노 튜브는 1991년 일본의 전자 회사인 NEC의 연구원이었던 이이지마 스미오(Sumio Iijima, 1939~) 박사가 풀러렌을 연구하다가 처음 발견했어요. 탄소봉에 큰 전류를 흘려보내 풀러렌을 만들고 있던 스미오 박사는 탄소봉의 음극에 붙은 그을음을 전자 현미경으로 조사하다가 풀러렌과는 다른 구조를 가지고 있는 탄소 나노 튜브를 발견했어요.

탄소 나노 튜브는 탄소 원자로 이루어진 육각형 모양의 그물이 둘둘 말려서 원통형을 이루고 있는 구조로 되어 있어

요. 따라서 탄소 나노 튜브는 풀러렌을 길게 잡아당겨 늘여 놓은 모양을 하고 있지요.

이것을 나노 튜브라고 부르는 것은 원통의 지름이 1nm에 불과하여 사람 머리카락 굵기의 5만 분의 1밖에 안 되기 때문이에요. 그러나 지름에 비해 길이는 긴 편이어서 굵기의 2천 800만 배나 되지요. 아마 굵기와 길이의 비가 이렇게 큰 원통은 탄소 나노 튜브 외에는 어디에도 없을 거예요. 하지만 굵기가 아주 가늘기 때문에 실제 길이는 불과 밀리미터 정도 밖에 안 돼요.

탄소 나노 튜브의 구조는 근본적으로 풀러렌의 구조와 같은 종류라고 할 수 있어요. 따라서 탄소 나노 튜브를 풀러렌 가족에 포함시키기도 하지요. 풀러렌을 길게 늘인 것과 같은 구조를 가지고 있는 탄소 나노 튜브의 끝에는 반구형의 풀러렌이 관을 막고 있는 경우도 있어요.

탄소 나노 튜브는 한 겹의 벽으로 이루어진 단층 탄소 나노 튜브와 여러 겹의 벽으로 이루어진 다층 탄소 나노 튜브로 나눌 수 있어요. 스미오 박사가 처음 발견한 탄소 나노 튜브는 다층 탄소 나노 튜브였어요. 대부분의 탄소 나노 튜브는 원통형이지만 한쪽의 지름이 커져서 나팔 모양을 하고 있는 것도 있어요.

한 겹의 탄소 그물을 말아서 원통을 만든 것과 같은 구조를 가지고 있는 단층 탄소 나노 튜브는 다층 탄소 나노 튜브에서는 발견되지 않는 여러 가지 전기적 성질을 가지고 있어서 나노 크기의 전기 소자를 만드는 데 사용될 것으로 기대되고 있어요. 하지만 단층 탄소 나노 튜브는 만들기가 쉽지 않다는 단점이 있어요. 또한 생산에 비용이 많이 들기 때문에 아직은 가격이 비싸서 여러 가지 용도로 사용되는 데 장애가 되고 있어요. 따라서 단층 탄소 나노 튜브가 널리 사용되기 위해서는 손쉽게 만들어 낼 수 있는 기술이 우선 개발돼야 하겠지요.

다층 탄소 나노 튜브는 여러 겹의 탄소 그물망으로 된 벽을 가지고 있어요. 과학자들은 다층 탄소 나노 튜브의 구조는

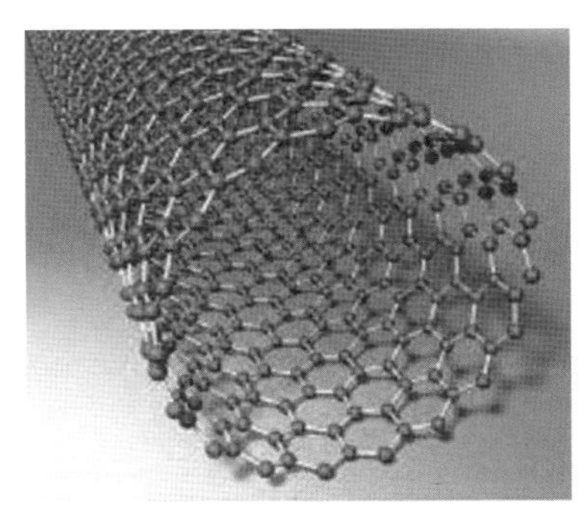
단층 탄소 나노 튜브

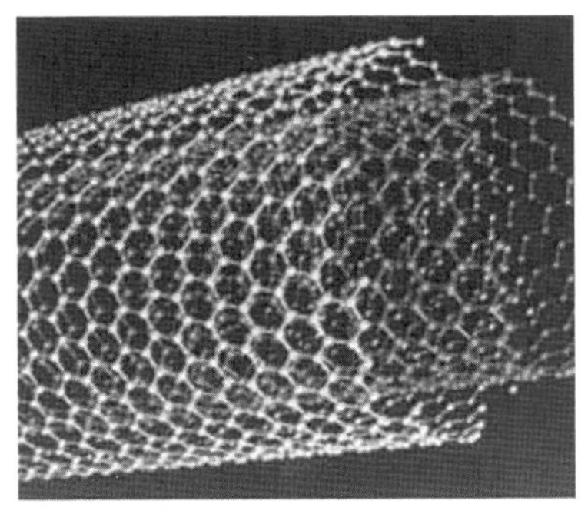
다층 탄소 나노 튜브

지름이 조금 큰 원통 안에 지름이 작은 다른 원통이 들어가는 식으로 여러 개의 원통이 배열되어 있거나 신문지를 둘둘 말 듯이 긴 그물망이 둘둘 말려 있을 것이라고 보고 있어요. 다층 탄소 나노 튜브 중에서도 가장 흥미를 끄는 것은 두 개의 탄소 그물 벽을 가지고 있는 복층 탄소 나노 튜브예요. 복층 탄소 나노 튜브는 단층 탄소 나노 튜브와 비슷한 성질을 가지고 있지만 화학적으로 훨씬 안정적이거든요.

탄소 나노 튜브의 성질

탄소 나노 튜브는 다른 물질에서는 발견할 수 없는 매우 독특한 성질을 많이 가지고 있어서 꿈의 신소재라는 이름으로 불리기도 해요. 어떤 과학자는 탄소 나노 튜브는 지구상에서 발견된 물질 중에서 가장 놀라운 재료라고 말하기도 했어요.

이처럼 탄소 나노 튜브는 앞으로 많은 용도로 사용되어 새로운 기술 사회를 열어가는 주역이 될 거라고 과학자들은 기대하고 있어요. 세계의 많은 과학자들이 탄소 나노 튜브에 관심을 가지고 효과적인 사용 방법을 연구하고 있는 것은 이 때문이에요.

탄소 나노 튜브의 가장 뛰어난 특성은 지금까지 발견된 물질 중에서 가장 강한 강도를 가지고 있는 물질이라는 것이에요. 탄소 나노 튜브를 다발로 묶으면 강철보다 100배나 강한 줄을 만들 수 있어요. 과학 전시장이나 과학 박람회에서는 탄소 나노 튜브가 얼마나 강한지를 보여 주기 위해 탄소 나노 튜브로 만든 가는 줄로 자동차를 천장에 매달아 전시해 놓기도 해요.

그러나 잡아 늘릴 때의 강도를 나타내는 인장 강도에 비해 압축할 때의 강도를 나타내는 압축 강도는 그리 큰 편은 아니에요. 다시 말해 잡아 당겨서 늘리기는 매우 힘들지만 눌러서 찌그러뜨리기는 그보다 쉽다는 뜻이에요. 관의 안쪽이 비어 있는 탄소 나노 튜브의 구조 때문에 그런 성질이 나타나는 것이겠지요.

가벼우면서도 매우 강한 물질인 탄소 나노 튜브는 여러 가지 용도로 사용될 수 있을 거예요. 특히 여러 가지 용도의 건축 재료로 사용될 수 있을 거예요. 과학자나 소설가들 중에는 탄소 나노 튜브가 우주 엘리베이터를 만드는 데 사용될 수 있을 것이라고 주장하는 사람들도 있어요. 적도 상공 3,600 km에는 주로 통신에 사용되는 정지 위성들이 지구를 돌고 있어요. 이 위성들은 지구의 자전 속도로 지구를 돌고 있기

때문에 지구에서 보면 한 자리에 떠 있는 것처럼 보여 정지 위성이라고 부르지요.

만약 지상에서 이 정지 위성까지 엘리베이터를 설치한다면 우주여행이 아주 편안한 여행이 되겠지요? 1960년 러시아의 기술자가 그런 엘리베이터의 제작을 제안한 후 1979년에는 클라크라는 소설가가 그의 소설에 그런 엘리베이터를 등장시켜 사람들의 관심을 끌었어요. 탄소 나노 튜브를 발견한 후 과학자들 중에는 탄소 나노 튜브를 이용하면 실제로 그런 엘리베이터의 제작이 가능할 것이라고 주장하는 사람들도 나타났어요. 엘리베이터를 타고 우주여행을 하는 날이 과연 올 수 있을까요?

다층 탄소 나노 튜브의 또 다른 재미있는 성질이 실험을 통해 밝혀졌어요. 지름이 큰 관 안에 들어 있는 지름이 작은 안쪽의 관이 거의 마찰 없이 자유롭게 회전하거나 미끄러진다는 성질이에요. 나노 크기의 기계 장치를 만들려고 하는 과학자들에게 이런 성질은 아주 반가운 것이었지요. 그들은 이런 성질을 이용하여 초소형의 모터를 제작하는 연구를 이미 시작했어요. 크기가 수 나노미터 밖에 안 되는 작은 모터는 여러 가지 용도로 사용할 수 있을 거예요. 인간의 몸에 집어넣어서 질병이 있는 부위를 잘라 내거나 손상된 부분을 이어

붙이는 데 사용한다면 질병 치료가 훨씬 쉬워지겠지요?

탄소 나노 튜브의 독특한 구조는 전기적 성질에도 큰 영향을 주어 다른 물질에서 발견되지 않는 여러 가지 전기적 성질을 가진다는 것이 밝혀졌어요. 탄소 나노 튜브는 구조에 따라 도체가 되기도 하고 반도체의 성질을 갖기도 한다는 것이 밝혀졌어요. 도체 상태의 탄소 나노 튜브는 전선으로 사용되는 구리보다도 전류를 잘 흐르게 하는 아주 좋은 도체예요. 그런가 하면 탄소 나노 튜브를 잘 꼬아 합성하면 반도체의 성질을 가질 수 있다는 것이 밝혀져 집적도가 높은 컴퓨터 칩을 만드는 데도 사용될 수 있을 것이라고 기대하고 있어요.

어떤 물질보다도 열을 잘 전달하는 성질도 가지고 있어요.

그러나 열전도율은 방향에 따라 달라 관의 축과 나란한 방향으로의 열전도율은 150배 이상 크지만 관의 축과 수직인 방향으로는 열이 잘 전달되지 않아요. 탄소 나노 튜브가 가지는 이러한 방향성은 전기 전도도에도 나타나서 관의 축 방향으로는 전류가 잘 흐르지만 수직한 방향으로는 전류가 잘 흐르지 않지요. 이런 성질들도 구리나 알루미늄과 같은 금속에서는 발견되지 않는 성질이에요.

탄소 나노 튜브는 좋은 성질만 가지고 있는 것은 아니에요. 아직 확실하게 모든 것이 밝혀진 것은 아니지만 미세한 원통형 구조를 가지고 있는 탄소 나노 튜브는 건강에 나쁜 영향을 줄 수 있다는 연구 결과가 발표되기도 했어요. 현재까지 발표된 연구 결과에 의하면 탄소 나노 튜브는 세포막과 같은 막을 잘 통과할 수 있다는 것이 밝혀졌어요. 그것은 탄소 나노 튜브가 쉽게 세포 안으로 스며들어 세포에 나쁜 영향을 줄 수 있다는 것을 뜻하는 것이에요. 실제로 탄소 나노 튜브가 폐에 염증을 일으킬 수도 있으며 다른 질병을 유발할 수 있다는 기초적인 연구 결과가 나와 주목을 끌고 있어요. 가장 주목을 받고 있는 나노 소재가 이런 문제점을 가질 수 있다는 것은 참으로 안타까운 일이에요. 하지만 탄소 나노 튜브를 발견하고 그것의 유용성을 알아낸 과학자들은 이런 문제를 해결하는 방법도 찾아낼 수 있으리라 믿어요.

탄소 나노 튜브의 용도

그러면 이제부터 탄소 나노 튜브가 어떤 곳에 사용되고 있는지 그리고 앞으로 어떤 용도로 사용될지에 대해 알아보기로 할까요?

텔레비전에서 영상을 만들어 내는 것은 전자예요. 따라서 물질 속에 들어 있는 전자를 바깥으로 끌어내야 해요. 지금까지는 주로 열을 가할 때 나오는 열전자를 이용하였어요. 금속에 빛을 비추어도 전자가 튀어 나오지요. 이런 전자를 광전자라고 불러요. 열전자니 광전자니 하고 다른 이름으로 부르지만 전자는 모두 똑같은 전자예요. 금속에서 전자를 튀어나오게 하는 방법에 따라 다른 이름을 붙였을 뿐이지요.

열을 가하거나 빛을 비추지 않고도 전자를 금속에서 튀어 나오게 할 수 있는 방법이 있어요. 금속 표면에 높은 전압을 걸어 주면 전자가 금속에서 튀어 나오기도 해요. 이런 것을 전계 방출이라고 부르지요. 금속 안에서 전자는 꽤 자유롭게 돌아다닐 수 있지만 밖으로 나오기는 쉽지가 않지요. 따라서

금속에서 전자가 튀어 나오게 하려면 아주 강한 전압을 걸어 주어야 해요.

하지만 탄소 나노 튜브는 그다지 높지 않은 전압을 걸어 주어도 전자가 쉽게 튀어 나오는 성질을 가지고 있어요. 따라서 탄소 나노 튜브는 텔레비전이나 전자 현미경과 같이 전자를 필요로 하는 곳에서 쉽게 전자를 발생시키는 물질로 사용할 수 있어요.

요즈음은 벽에 걸 수 있을 정도로 얇고 가벼운 텔레비전이 많이 나와 있어요. 앞으로 전자를 잘 발생시키는 탄소 나노 튜브의 이런 성질을 잘 이용하면 더 가볍고 얇으면서도 더욱 밝고 선명한 텔레비전을 만들 수 있을 거예요.

또한 탄소 나노 튜브는 여러 가지 나노 전자 소자를 만드는 데 사용할 수도 있어요. 탄소 나노 튜브는 앞에서 설명한 주사 터널 현미경의 탐침을 만드는 물질에 적당해요. 현미경의 탐침은 가늘면서도 강해야 하고 전기도 잘 흐를 수 있어야 해요. 탄소 나노 튜브는 이런 조건을 만족시키는 가장 좋은 물질이에요. 실제로 탄소 나노 튜브로 만든 탐침을 이용한 주사 터널 현미경은 이전의 탐침을 이용한 현미경보다 훨씬 선명한 영상을 만들 수 있어요.

탄소 나노 튜브는 탄성이 크기 때문에 초미세 나노 저울을

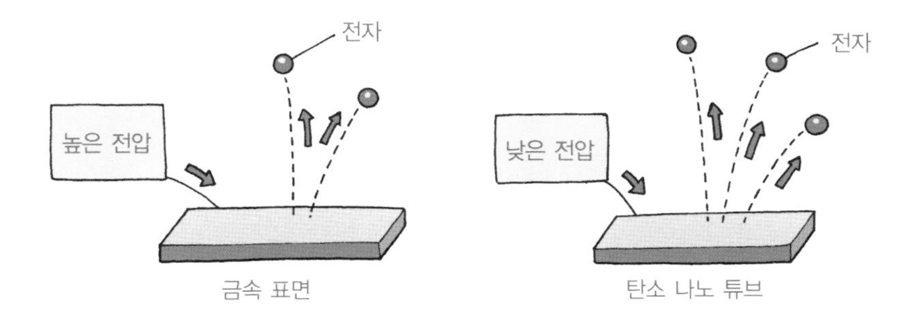

만드는 데 사용될 수도 있어요. 탄소 나노 튜브로 만든 나노 저울로 22fg(22×10^{-15}g)의 흑연 입자의 질량을 측정했다는 실험 결과도 보고되었어요.

원자나 분자 하나하나를 들어 옮겨서 조작하는 원자 조작 기술은 나노 기술을 연구하는 과학자들이 가장 개발하고 싶어 하는 기술 중의 하나예요. 처음에는 주사 터널 현미경의 탐침을 이용하여 원자나 분자들을 밀어 옮기는 것이 고작이었어요. 책상 위에 놓여 있는 물체를 막대로 이리 저리 미는 것과 같은 것이었지요. 이것은 원자를 들어서 한 곳에서 다른 곳으로 옮기는 것이 아니어서 같은 평면에서만 원자를 옮길 수 있었어요. 그러나 진정한 의미의 원자 조작이 되려면 원자를 들어서 다른 곳으로 옮길 수 있어야 해요.

하바드 대학의 킴(Philip Kim) 교수와 리버(Lieber) 교수는 탄소 나노 튜브를 이용하여 10나노미터 크기의 입자들을

들어서 다른 곳으로 옮길 수 있는 나노 핀셋을 제작하는 데 성공했어요. 10나노미터면 큰 원자 하나의 크기예요. 원자 하나를 집어서 다른 곳으로 옮길 수 있는 핀셋이라니 상상이 되나요? 이들은 지름이 1밀리미터인 유리 피펫에 금으로 만든 두 개의 전극을 만들어 붙이고, 이 전극에 지름이 50나노미터이고, 길이가 4밀리미터인 탄소 나노 튜브 두 가닥을 붙인 핀셋을 만들었어요.

이 나노 핀셋은 전압을 걸어서 조작할 수 있어요. 전극에 걸어주는 전압의 방향을 바꾸면 핀셋이 닫히기도 하고 열리기도 하기 때문에 전압을 조정하여 물체를 집거나 놓을 수 있어요. 킴 교수와 동료 연구자들은 현미경으로 관찰하면서 500나노미터 크기의 물체를 들어 옮기는 데 성공했어요. 이러한 나노 핀셋은 전자 회로 제작, 마이크로 수술 등의 영역에서 활용될 수 있게 될 것으로 기대하고 있어요.

그동안 과학자들은 탄소 나노 튜브를 이용하면 집적도가 높은 컴퓨터 칩을 생산할 수 있을 것이라고 생각해 왔어요. 탄소 나노 튜브 구조에 따라 도체가 되기도 하고 반도체가 되기도 한다는 이야기는 이미 앞에서 했어요. 따라서 이를 이용해 반도체를 생산하게 되면 기존에 실리콘으로 반도체를 만들 때와는 비교가 안 될 정도의 고집적, 고성능의 반도체를 만들 수 있게 될 거예요. 미국 IBM 연구소에서는 탄소 나노 튜브를 이용해 현재 사용하고 있는 트랜지스터보다 크기가 100분의 1밖에 안 되는 초소형 트랜지스터를 만들어 보여주기도 했어요.

탄소 나노 튜브는 가벼우면서도 높은 전기 전도도와 안정적인 화학적 성질을 가지고 있기 때문에 에너지 저장 장치의 부품으로도 사용되고 있어요. 현재 도로를 굴러다니는 대부분의 자동차는 석유를 정제한 휘발유나 중유를 연료로 사용하고 있어요. 그러나 휘발유나 중유를 사용하면 온실 기체인 이산화탄소가 많이 배출되기 때문에 가능하면 휘발유나 중유의 사용을 줄이기 위해 노력하고 있어요.

그런 노력의 일환으로 전기 자동차, 수소 자동차, 휘발유와 전기를 함께 사용하는 하이브리드 자동차 등이 계속 개발되고 있어요. 이런 자동차가 실용화되려면 많은 양의 전기를 저장할 수 있는 축전기나 많은 양의 수소를 저장할 수 있는 장치 등이 먼저 개발돼야 할 거예요. 탄소 나노 튜브는 이런 분야에서도 널리 사용될 것으로 기대하고 있어요. 특히 낮은 온도에서는 수소를 흡수하고 높은 온도에서는 수소를 방출하는 성질을 이용하면 오랫동안 꿈 꾸어온 수소를 연료로 사용하는 자동차의 실용화가 앞당겨질 수 있을 거예요.

우리가 늘 사용하는 휴대 전화나 노트북 컴퓨터의 가장 불편한 점은 자주 충전을 해야 하고 충전을 하더라도 오래 사용할 수 없다는 거예요. 그것은 전지에 충전할 수 있는 전기의 양이 한정되어 있기 때문이에요. 그러나 탄소 나노 튜브를 전극으로 사용하는 새로운 전지가 개발되면 전지에 저장할 수 있는 전기의 양이 훨씬 많아질 것이고 따라서 한 번 충전하면 오랫동안 사용할 수 있을 거예요.

지금까지 예를 든 것 외에도 탄소 나노 튜브의 용도는 많이 있어요. 이제 왜 탄소 나노 튜브를 꿈의 신소재라고 부르는지 알 수 있겠지요? 혹시 있을지도 모르는 탄소 나노 튜브의 유해성만 잘 해결된다면 탄소 나노 튜브는 새로운 세상을 열어가는 나노 기술 시대의 주인공이 될 거예요.

오늘 내가 가지고 온 축구공은 풀러렌의 구조를 설명하기 위해 가지고 온 것이지만 나노 기술과 직접 관계는 없어요. 하지만 여러분의 건강과는 직접 관계가 있겠지요. 내가 여기에 와서 강의한 기념으로 여러분에게 주고 갈 테니까 열심히 공부하는 가운데 운동도 열심히 하도록 하세요.

수업을 마친 드렉슬러는 축구공을 반장에게 주고 교실을 나갔다. 학생들은 박수를 치며 좋아했다.

만화로 본문 읽기

오~ 축구공처럼 완벽한 분자 구조도 있을까?

있어! 바로 풀러렌이야.

역시 은숙 양이군요. 1985년에 60개의 탄소 원자가 축구공과 닮은 구조를 이루고 있는 풀러렌이 발견됐답니다.

풀러렌도 흑연이나 다이아몬드와 마찬가지로 탄소 동소체에 속하겠군요?

뭐? 흑연과 다이아몬드, 풀러렌이 모두 탄소로 이루어진 물질이라고?

그렇답니다.

그런데 왜 흑연은 잘 부서지고, 다이아몬드는 단단한 거예요?

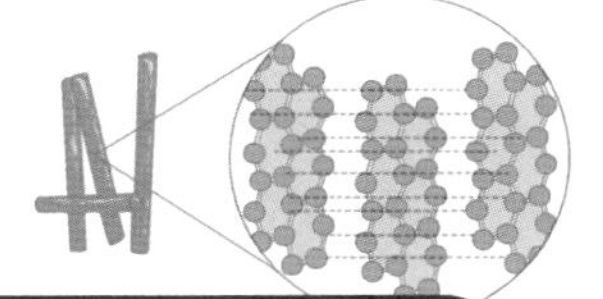

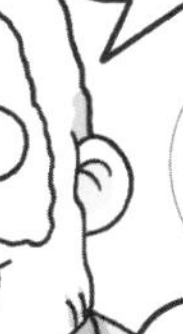

다이아몬드는 모든 방향으로 탄소 원자들이 강한 결합력으로 똑같이 배열되어 단단한 물질이 된 것이지요.

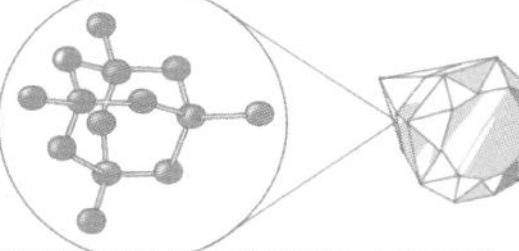

흑연의 경우, 층과 층 사이의 탄소 원자들의 결합력이 강하지 않기 때문에 연한 물질이 된 것이고,

그렇다면 풀러렌의 독특한 결합 구조는 어떤 특징을 가지게 했나요?

다른 물질의 화학 반응 촉진을 도와주는 특징이 있어요. 그래서 촉매, 광학 재료, 의학적 응용 등 다양한 용도로 사용될 가능성이 크지요.

역시 축구공과 닮은꼴인 풀러렌도 쓸모가 많군요.

일본의 스미오 박사는 육각형 모양의 그물 구조가 길게 늘어진 원통형의 탄소 나노 튜브를 발견하였는데, 매우 독특한 성질을 가지고 있어서 꿈의 신소재라고 불린답니다.

마 지 막　수 업 8

의학과 나노 기술

의학에 사용되는 나노 기술에는 어떤 것이 있을까요?
나노 기술의 발전이 생물학과 의학 분야의
어떤 변화를 가져올지에 대해 알아봅시다.

8

마지막 수업

의학과 나노 기술

교과연계. 고등 화학 II 2. 물질의 구조

드렉슬러가 사진을 한 장 들고 와서 마지막 수업을 시작했다.

생명체와 나노 기술

드렉슬러가 사진을 한 장 들고 교실에 들어 왔다. DNA 이중 나선 구조 사진이었다. 드렉슬러는 말없이 사진을 학생들에게 한 번 보여 준 뒤 교탁 위에 놓고, 강의를 시작했다.

벌써 마지막 수업이로군요. 앞에서도 이야기한 것처럼 나노 기술은 많은 분야에서 응용이 가능하기 때문에 다루어야 할 이야기도 그만큼 많아요. 하지만 제한된 수업 시간에 모

든 이야기를 다 할 수 없으므로 오늘은 마지막으로 나노 기술이 의학과 생명 공학 분야에서 어떻게 사용되는지에 대해 설명하겠어요.

원자나 분자 단위에서 물질을 조작하는 나노 기술은 생명 공학이나 의학 분야에서 다른 분야에서보다도 더욱 중요한 역할을 하게 될 거예요. 모든 생명체는 스스로 작동할 수 있는 프로그램을 갖추고 있는 정교한 기계라고 볼 수 있기 때문에 나노 기술은 생명체로부터 배워야 한다고 이야기했던 것을 기억하고 있을 거예요. 실제로 많은 나노 기술은 생명체에서 배웠거나 생명체를 이용하는 기술이에요. 그런데 나노 기술은 이제 반대로 생명체를 이용하는 생명 공학 분야와 질병을 치료하는 의학 분야의 발전에 크게 기여할 것으로 기대되고 있어요.

무엇보다도 질병을 치료하는 의학 분야에서 나노 기술이 가장 먼저 사용되고 있어요. 이미 여러 해 전에 나노미터 정도 크기의 기계를 제작해 인체에 주입시킨 다음, 이 기계를 외부에서 작동시켜 병이 난 부분을 치료하는 것을 주제로 하는 영화가 상영된 적이 있어요.

어떤 영화에서는 인간과 배를 나노미터 크기로 축소한 다음 인체에 주입하여 이 배를 타고 병이 난 곳에 접근하여 병균과 싸우는 것을 그린 영화도 있었어요. 물론 아직 그런 기계가 발명되지도 않았고 인간이나 배를 축소시키는 기술은 더더욱 발명되지 않았어요. 그러나 그런 영화가 제작되었다는 것은 사람들이 이미 그런 기술이 사용될 것을 기대하고 있다는 것을 나타낸다고 할 수 있어요.

핀포인트 드러그 딜리버리

초소형 장치를 이용해 질병을 치료하는 초보적인 기술은 의학에서 실제로 사용되고 있어요. 그중의 하나가 핀포인트 드러그 딜리버리라고 부르는 기술이지요. 핀포인트 드러그

딜리버리를 한국말로는 무엇이라고 번역할 수 있는지 잘 모르겠어요. 한국은 전 세계에서 택배 시스템이 가장 잘 발달한 나라라는 이야기를 들었어요. 인터넷이나 홈쇼핑에서 물건을 주문하면 바로 다음 날 집으로 배달해 준다면서요? 그래서 다양한 가정용품은 물론 김치나 갈비 같은 음식까지도 택배를 이용해 보내고 받을 수 있다는 이야기를 들었어요.

이렇게 잘 발달된 택배 시스템을 이용하고 있는 한국 사람들은 핀포인트 드러그 딜리버리를 가장 쉽게 이해하고 있는 사람들일 거라고 생각해요. 드러그 딜리버리란 약물 전달이라는 뜻이에요. 드러그는 약물을 뜻하고 딜리버리는 전달이라는 뜻이니까요. 우리가 약을 먹으면 약이 혈액에 녹아 온몸을 돌다가 병이 난 곳에 전달되어 병을 고치게 되지요. 따라서 드러그 딜리버리란 약을 먹어 혈액을 통해 병이 난 곳에 약을 전달하는 것을 뜻해요.

그런데 나노 기술을 이용한 드러그 딜리버리 앞에는 핀포인트라는 말이 붙어 있어요. 핀포인트 드러그 딜리버리라는 말은 핀으로 한 점을 찍듯이 정확하게 한 점으로 전달한다는 뜻이에요. 약이 혈액을 따라 온 몸에 전달하다가 병이 난 곳에도 약이 도달하여 병을 고치는 것이 아니라 병이 난 곳만 콕 찍어서 약을 전달해 주는 것이 핀포인트 드러그 딜리버리지요.

약물 중에 어떤 약물은 독해서 건강한 부위에 손상을 주는 약물도 있어요. 특히 암세포를 죽이는 항암제는 건강한 세포에도 손상을 주기 때문에 핀포인트 드러그 딜리버리를 통해 암세포에만 약물을 전달할 수 있다면 치료 효과는 높이면서도 건강한 세포에는 해를 주지 않을 거예요.

질병 치료를 연구하는 의학자들은 우리 가정에 정확하게 택배를 배달해 주는 것처럼 필요한 곳에만 정확하게 약물을 전달하는 핀포인트 드러그 딜리버리를 실현하기 위해 많은 연구를 해 왔어요. 현재 사용되고 있는 방법은 적당한 크기의 약물 운반체를 만들어 그 안에 약물을 넣고 이 운반체가 병이 난 세포에만 흡수되도록 하는 방법이에요. 병이 난 세

포에 따로 주소가 있는 것도 아닌데 어떻게 정확하게 약을 그곳으로 배달할 수 있느냐고요? 맞는 이야기예요. 약물을 정확하게 병이 난 곳으로만 보내는 것은 거의 불가능한 일이에요.

하지만 건강한 세포보다는 병이 난 세포로 더 많은 약물이 전달되게 할 수는 있어요.

우리가 입으로 섭취한 모든 물질은 장에서 흡수되어 혈관을 통해 온 몸으로 보내져요. 혈관을 흐르는 피 속에는 여러 가지 물질이 녹아 있는데 이 중에서 적당한 크기를 가진 물질만이 세포에 흡수되어 세포가 생명 활동을 하는 데 사용될 수 있어요. 혈관과 세포 사이에는 작은 통로가 있는데 이 통로보다 큰 물질은 세포로 들어갈 수 없어요. 세포와 혈관 사이의 통로는 세포의 종류에 따라 달라요. 특히 성장이 왕성한 암세포는 큰 통로를 가지고 있는 경우가 많아요.

보통의 경우 4nm 이하의 크기를 가진 물질은 모든 세포에 다 흡수될 수 있어요. 하지만 400nm 이상의 크기를 가지는 물질은 어떤 세포에도 흡수될 수 없어요. 따라서 4nm보다는 크고 400nm보다 작은 물질은 어떤 세포에는 흡수되고 어떤 세포에는 흡수되지 않아요. 따라서 약물은 보통의 세포에 흡수되기에는 너무 크고 암세포에는 흡수될 수 있는 작은 용기에 담거나 매단 다음 그런 용기가 포함된 약을 먹거나 주사해서 혈관을 따라 돌도록 하는 거예요.

그러면 이 약물은 암세포 속으로만 흡수되겠지요? 그렇게 되면 건강한 다른 세포에 손상을 입히지 않고 암세포만 죽일 수 있을 거예요. 물론 실제로 사용되는 핀포인트 드러그 딜리버리는 이보다 훨씬 복잡한 방법으로 작동해요.

약을 날라다 주는 용기의 크기뿐만 아니라 특정한 세포에 많이 포함되어 있는 물질과 잘 반응하는 물질을 용기로 사용하기도 하지요. 예를 들어 간에 발생한 병을 치료하기 위해서는 간에 많이 들어 있는 물질과 잘 결합하는 물질을 용기로 사용하기도 해요. 그렇게 되면 약물이 다른 곳보다는 간으로 더 많이 가게 될 것이고 따라서 작은 양의 약물로도 효과적인 치료가 가능할 거예요. 이렇게 질병을 치료하는 약물을 병이 난 곳으로만 보내려는 시도는 오래전부터 계속되어 왔지만 현대에 와서 발달된 나노 기술 덕분에 실제로 가능하게 되었어요.

진단용 바이오칩

핀포인트 드러그 딜리버리와 함께 의학에서 많이 사용되고 있는 것이 바이오칩이에요. 이것은 우리 몸 안에서 일어나고 있는 여러 가지 일들을 간편하게 검사하는 도구예요. 이것은 실리콘 칩 위에 자신의 정상적인 DNA나 단백질을 심어 놓고 침이나 혈액 또는 배설물에서 얻은 DNA나 단백질과 비교하여 이상이 있나 없나를 검사하는 것이지요. 고혈압이나 당뇨병과 같이 유전자와 관계된 질병인 경우 그러한 병과 관계된 유전 정보를 칩에 보관하고 사람 몸 안에서 추출한 DNA 유전 정보와 비교하여 그런 병에 걸릴 가능성이 많은지 여부를 알아낼 수도 있어요.

최근에 문제가 되고 있는 식품의 원산지 표시 문제도 이런 방법으로 해결할 수 있을 거예요. 예를 들어 쇠고기만 보아서는 그것이 한우인지 아니면 수입 쇠고기인지 구별하는 것이 매우 힘들어서 전문가들도 잘못 판별하는 경우도 많아요. 그러나 한국에서 사육되는 한우의 유전자를 담은 칩이 있다면 쇠고기의 유전자와 칩에 들어 있는 유전자를 비교함으로써 쉽게 한우인지 수입된 것인지 구별할 수 있을 거예요.

또한 바이오칩을 이용하면 질병을 조기에 발견하여 치료하는 데 큰 도움이 될 거예요. 현재 우리는 몸이 아프면 병원에 가서 여러 가지 검사를 받아요. 그러나 대개의 경우 검사 결과는 바로 나오는 것이 아니기 때문에 며칠 후 다시 병원에 가서 검사 결과를 확인해야 해요. 이런 일은 귀찮은 일일 뿐만 아니라 시간이 소요되는 일이기도 해요. 한 번의 검사로 병의 원인을 알아낼 수 있다면 그나마 다행이에요. 한 번의 검사로 질병의 원인이 밝혀지지 않은 경우에는 다시 다른 검사를 받아야 해요. 어떤 경우에는 검사를 통해 질병의 종류를 알아내는 데만 몇 달이 걸리기도 하지요. 따라서 잘못 하다가는 치료 시기를 놓치게 되는 일도 종종 발생해요.

그러나 휴대용 바이오칩이 대량으로 생산되어 누구나 손쉽게 자신의 몸 상태를 검사할 수 있고 검사 결과가 인터넷을

통해 병원의 의사에게 보내진다면 질병의 진단이 훨씬 간단하면서도 정확하게 이루어질 것이고 따라서 질병 치료에 소요되는 시간과 경비를 크게 줄일 수 있을 거예요.

예를 들어 우리 몸에 암세포가 생기면 이 암세포는 특정한 물질을 만들어 내기 때문에 혈액에는 그런 물질이 포함되어 있어요. 이러한 물질을 암을 나타내는 표시라는 뜻에서 암 마커라고도 불러요. 마커는 표시라는 뜻이에요. 암 마커가 되는 물질은 암세포가 생기는 초기 단계부터 분비되기 때문에 매일 이 마커를 검사하면 암세포 생성 초기에 암 발생을 알 수 있을 거예요.

암 마커를 알아낼 수 있는 정보를 담고 있는 바이오칩이 사용된다면 진단 시기를 놓쳐서 치료에 실패하는 경우를 획기적으로 줄일 수 있을 거예요. 암이 무서운 것은 이미 치료가 어려울 만큼 상태가 나빠진 다음에야 암에 걸렸다는 것을 알게 되는 경우가 많기 때문인데 바이오칩을 이용하여 초기 진단이 가능해진다면 암을 치료하는 일이 훨씬 수월해질 거예요.

진단과 검사에 사용될 바이오칩이 가지는 또 하나의 장점은 개인별로 체질과 과거 병력에 맞는 검사를 할 수 있다는 것이에요. 현재는 병이 나서 병원에 가면 일반적으로 모든 사람들이 하는 검사들을 모두 받아야 돼요. 검사를 받는 것은 때로 치료를 받는 것보다 더 고통스럽고 비용도 많이 드는 일이어서 사람들이 싫어하는 일이에요. 그러나 개인의 정보를 모두 보관하고 있는 바이오칩을 가지고 있다면 자신에게 필요한 검사만을 하도록 할 수 있을 거예요. 사람의 체질에 따라 병의 치료 방법도 다르게 할 수 있으므로 치료 효과를 높이는 데도 큰 도움이 될 거예요.

따라서 세계 각국에서는 값싸고 정확도가 높은 바이오칩을 개발하려는 연구가 계속되고 있어요. 만약 효과적으로 질병을 진단하고 검사할 수 있는 바이오칩이 개발된다면 의료 체계 자체가 달라질 거예요. 만약 지금부터 20년 전에 이런 이야기를 했다면 모두들 소설을 쓰고 있다고 놀렸을 거예요. 하지만 최근에 이루어진 나노 기술의 발달로 이런 일이 이제는 상상 속의 일만이 아니게 되었어요.

나노 기술과 유전자 조작

생명체 내에서는 아직 인간이 만든 기계가 흉내 낼 수 없는 많은 일들이 일어나고 있어요. 나노 기술을 이용하여 만들어

내거나 구현해 내고 싶은 일들의 대부분은 생명체 내에서는 이미 이루어지고 있지요. 따라서 생명체는 나노 기술을 연구하는 사람들에게 가장 좋은 선생님이 되고 있어요.

그런데 과학자들 중에는 신의 영역이라고 간주되어 왔던 생명체에서 일어나는 일들에 직접 개입하여 생명 현상을 이용하거나 바꾸려는 사람들이 나타나고 있어요.

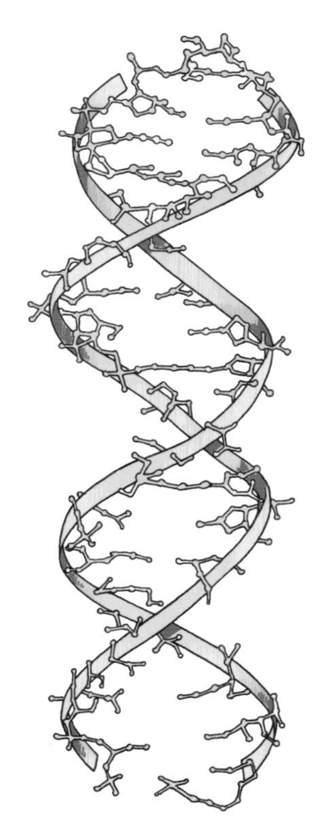

DNA 이중 나선 구조

1953년 왓슨과 크릭이 유전 정보를 포함하고 있는 DNA 분자의 이중 나선 구조를 밝혀낸 후, 그러한 노력은 더욱 활발하게 진행되었어요. 오늘 내가 가지고 온 사진이 바로 DNA 이중 나선 구조의 사진이에요. 이 사진은 매우 유명하여 학생들도 이미 본 적이 있을 거예요. 하지만 이 사진을 가지고 온 것은 이 사진이 생명 공학에서 나노 기술이 어떻게 사용되고 있는지를 가장 잘 보여 주고 있다고 생각하기 때문이에요.

생물학에서는 분자 단위에서 생명 현상을 규명하려는 것을 분자 생물학이라고 해요. 분자 생물학이란 생명체 안에서 일어나는 일을 분자들의 화학 반응과 물리 반응으로 설명해 내려고 하는 과학이란 뜻이에요. 분자 생물학에서 사용하는 여러 가지 기술들은 다른 분야에서 개발한 나노 기술인 경우가 많아요. 예를 들어 앞에서 설명한 주사 터널 현미경이나 원자력 현미경은 분자 생물학을 연구하는 데 가장 많이 사용되고 있는 장비예요. 따라서 분자 생물학을 나노 과학의 테두리 안에 포함시키는 것은 매우 자연스런 일이에요.

지난 20년 동안 분자 생물학은 DNA 분자의 구조를 밝혀냈고, 유전 정보를 해석해 냈으며, 유전 정보를 이용하여 생명 공학을 발전시키는 등 여러 분야에서 대단한 성공을 거두었어요. 유전 정보가 어떻게 저장되어 있는지를 알아내고, 이렇게 알아낸 유전 정보를 이용하는 기술을 연구하는 분야를 분자 생물학 중에서도 유전 공학이라고 해요.

그동안 유전 공학 분야는 눈부신 성장을 거듭해 왔지만 그 중에서도 2001년 2월 12일에 인간의 유전 정보를 모두 읽어 낸 인간 게놈 지도를 발표한 것은 가장 극적인 사건으로 기록될 것이에요. 인간 게놈 프로젝트(HGP)라고 하는 국제 공공 연구 컨소시엄과 셀레라 제노믹스(Celera Genomics)라고

하는 생명 공학 벤처 기업은 각각 영국의 과학 전문지 〈네이처〉지와 미국의 과학 전문지 〈사이언스〉에 그동안 작성해 오던 인간 게놈 지도를 발표했어요. 인간 게놈 지도란 인간의 유전 정보가 들어 있는 염색체의 염기 서열을 모두 밝혀낸 것을 말해요.

그동안 유전학 분야의 놀라운 발전에 대해 들어 왔던 사람들도 인간 유전자 지도를 작성하여 발표한다는 사실에 다시 한 번 놀라지 않을 수 없었지요. 이렇게 해서 인간의 게놈 지도는 완성되었지만 정작 중요한 일은 이제부터라고 할 수 있어요. 인간 게놈 지도를 완성한 것은 유전 정보를 담고 있는 약 30억 염기쌍의 순서를 밝힌 것일 뿐이에요. 이렇게 알아낸 유전 정보를 해독해 각 유전자가 어떤 일을 하는지는 이제부터 알아내야 하지요.

유전자 정보를 읽고 그것을 해석하고, 해석한 유전 정보를 바탕으로 유전자 정보를 조작하는 일은 모두 분자 단위에서 이루어지는 일이에요. 따라서 분자 단위의 조작 기술인 나노 기술의 발전이 유전자 관련 기술에 크게 기여할 것이에요.

미국의 저명한 물리학자 프리먼 다이슨(Freeman Dyson, 1923~)은 앞으로 유전 공학의 발전이 두 방향으로 이루어질 것이라고 예측했어요. 하나는 유전자를 마음대로 조작하여 새로운 품종을 만들어 내는 것이지요. 그는 유전 공학이 발전하면 유전자를 읽고 조작하는 간단한 장비를 각 가정에 비치해 놓고 새로운 품종을 만들 수 있게 될 것이라고 주장했어요. 그때가 되면 각 학교나 각종 단체에서 우수한 품종을 만들어 낸 사람들에게 상을 주는 대회가 열릴 것이라고 했지요.

다이슨 박사는 유전 공학의 또 다른 발전은 생명체와는 관계없이 일어날 수 있다고 주장하기도 했어요. 예를 들어 실제 나뭇잎처럼 광합성 작용을 할 수 있는 인공 나뭇잎이 달린 나무를 만들어 내는 것이지요. 과학자들의 분석에 의하면 현재 지구에 있는 녹색 식물은 태양 빛을 그다지 효과적으로 사용하지 못한다고 해요. 즉, 나뭇잎의 에너지 효율은 현재 사용되고 있는 태양 전지의 에너지 효율보다도 작다고 해요.

따라서 녹색 식물보다 조금만 더 에너지 효율이 좋은 인공 식물을 만들어 낼 수 있다면 인류가 당면하고 있는 에너지 문제, 식량 문제 그리고 환경 오염 문제와 같은 골치 아픈 문제를 쉽게 해결할 수 있을 것이라고 주장하기도 했어요. 에너지 효율이 좋은 인공 나뭇잎이 녹색 식물을 대신하게 되면 지구에는 초록색 식물이 우거진 숲 대신 검은색 인공 나무들이 우거진 검은 숲이 가득하게 될지도 몰라요. 그것이 문제를

해결하는 방법이라고 해도 왠지 삭막한 느낌이 들지요?

물론 다이슨 박사의 예측대로 인공 식물을 만드는 일이 그리 쉽게 가능하지는 않을 거예요. 하지만 최근에 이루어진 나노 기술과 생명 공학 기술의 발달을 살펴보면 이런 일들이 불가능한 일이라고만 할 수는 없을 것 같아요. 절대 일어나지 않을 것이라고 생각했던 일들이 실제로 일어나는 것을 우리는 수없이 보아 왔거든요.

오늘은 나노 기술의 발전이 생명 공학을 어떻게 바꾸어 놓을지에 대해 이야기했어요. 분자 단위에서 물질을 조작하는 나노 기술은 지금까지 설명한 분야 외에도 아주 다양한 분야에서 중요한 역할을 하게 될 거예요. 하지만 아직 나노 기술은 걸음마 단계에 있어요.

지금까지의 나노 기술 이야기에서도 나노 기술이 현재 어떻게 쓰이고 있는지에 대한 이야기보다는 앞으로 어떻게 쓰일 것이라는 이야기를 더 많이 했어요. 그것은 현재보다는 미래에 더 많이 사용될 기술이기 때문이에요.

따라서 나노 기술의 발전에는 현재 활동하고 있는 과학자들보다는 아직 학교에서 공부하고 있는 미래의 과학자들이 해야 할 일이 훨씬 더 많아요. 나는 여러분과 같은 학생들이 나노 기술을 더욱 발전시켜 세상을 바꿔 놓게 될 것이라고 믿어요. 그때를 대비하기 위해 더욱 열심히 공부하겠다는 각오를 새롭게 하기를 바라면서 8일 동안의 나노 기술에 대한 수업을 마치겠습니다.

여러분! 그동안 수업 받느라고 수고 많이 했어요.

수업을 마친 드렉슬러는 교실에 있는 모든 학생들과 일일이 악수를 하고는 교실을 나갔다.

만화로 본문 읽기

과학이 발달하면 그 기술은 주로 의학 기술을 지원하게 돼요.
요즘은 환자를 검사하거나 치료할 때, 그리고 수술할 때도 레이저를 사용한다고 해서 신기했어요.
맞아요. 레이저는 만화 영화에서 무기로만 쓰이는 줄 알았는데….
앞으로 나노 기술은 생명 공학이나 의학 분야에서 더욱 중요한 역할을 하게 될 거예요.
예를 들면 핀포인트 드러그 딜리버리라는 기술이 있어요.
약이 혈액을 따라 온몸에 돌아다니다가 병이 난 곳만 콕 찍어서 약을 전달해 주는 거죠.
음~ 마치 택배 배송 서비스 같은데요.
요것만 콕 찍어서 주문 하신 거 맞죠?
감사합니다.
이런 기술이 발달하면 독한 약이 건강한 부위도 손상시킬 수 있는 문제점을 해결할 수 있겠네요!
그렇죠. 보통의 경우 4nm 이하의 물질은 모든 세포에 흡수될 수 있지만 400nm 이상의 물질은 어떤 세포에도 흡수될 수 없다는 점을 이용해서 기술을 개발하고 있어요.
그럼 4nm보다는 크고 400nm보다 작은 물질로 만든 약물은 보통의 세포에 흡수되지 않고 병든 세포에만 흡수되어 치료를 도울 수 있겠죠?
나노 기술은 정말 우리 생활과 가깝고 또 중요한 것이네요.
나노 기술을 표현하기 딱 적합한 속담이 있어요. '작은 고추가 맵다!'
하하
그러네. 작지만 정말 강력한 기술이니까.
이제 모두 나노 기술 과학에 대해 어느 정도 이해가 된 것 같군요.

부록

과학자 소개
과학 연대표
체크, 핵심 내용
이슈, 현대 과학
찾아보기

과학자 소개

분자 나노 기술을 대중화시킨 드렉슬러 Kim Eric Drexler, 1955~

드렉슬러는 분자 나노 기술이라는 용어를 널리 사용하도록 한 미국의 과학자입니다.

드렉슬러는 어려서부터 인간의 한계를 확장하는 문제에 관심을 가지고 있었습니다. 매사추세츠 공과 대학(MIT)에 입학한 후, 그는 우주 식민지를 만드는 연구 팀에 합류하여 연구를 진행했습니다. 1975년과 1976년에는 미국항공우주국(NASA)에서 진행하는 우주 식민지 관련 프로젝트에서 일을 하기도 했습니다. 1980년에는 지구와 달의 중력이 균형을 이루는 라그랑주 점에 우주 식민지를 건설할 것을 제안하고 그것의 실현을 위해 활동하던 L5협회에 가입하여 활발한 활동을 펼치기도 했습니다.

1970년대에 우주 식민지 문제에 관심을 가지고 있던 때부터 드렉슬러는 1959년에 파인먼의 연설에 영향을 받아 분자 나노 기술에 관심을 가지기 시작했습니다.

1986년에 드렉슬러는 《창조의 엔진 : 다가오는 나노 기술 시대》라는 책을 출판했습니다. 이 책에서 그는 나노 크기의 어셈블러를 제안했고 이것은 나노 기술을 널리 알리는 계기가 되었습니다. '그레이 구' 라는 말도 이 책에서 처음 사용되었습니다.

드렉슬러는 1991년에 매사추세츠 공과 대학(MIT)에서 나노 기술에 대한 연구로 박사 학위 논문을 받았습니다. 드렉슬러는 그의 부인이었던 크리스틴 피터슨과 함께 1986년에 나노 기술 시대를 준비하는 연구소를 설립했습니다. 2002년에 아내와 결별한 드렉슬러는 이 연구소를 떠나 현재는 나노렉스라는 회사에서 연구 책임자로 일하고 있습니다.

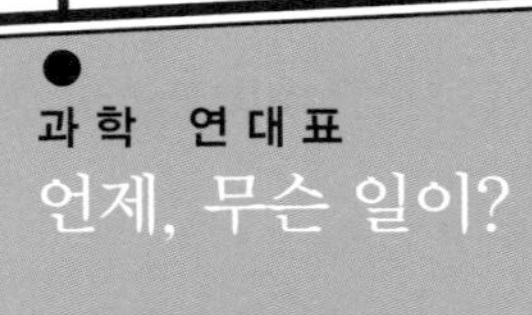

과학 연대표

언제, 무슨 일이?

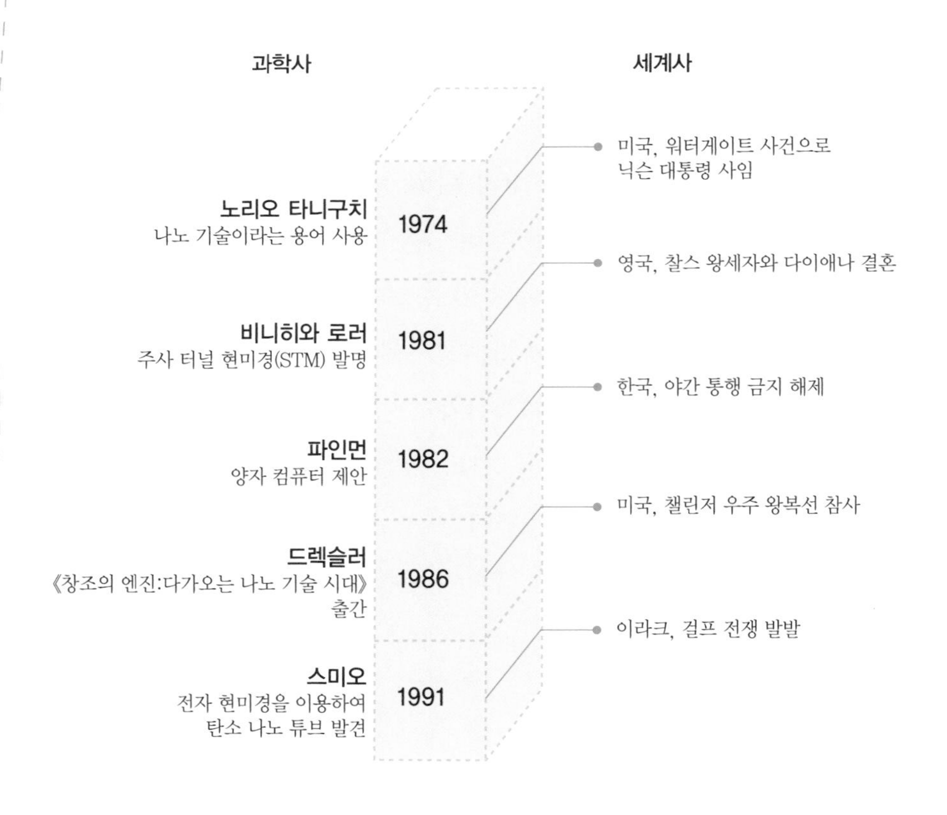

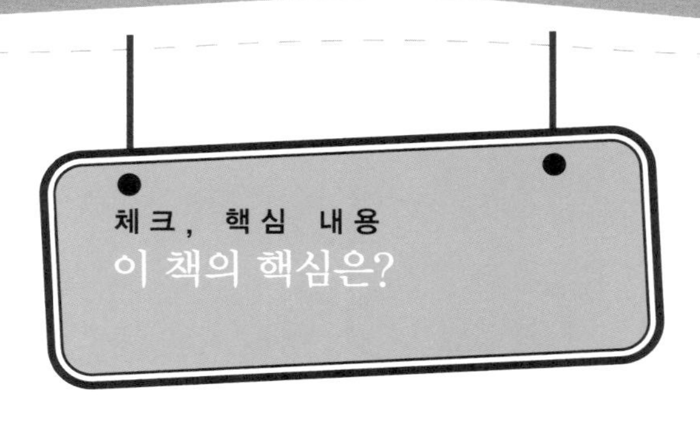

1. 나노 기술이란 □□□□ 단위의 물질을 다루는 기술입니다.
2. 수소를 포함한 분자 사이에 작용하는 힘에 의한 분자 간의 결합을 □□ □□이라고 합니다.
3. 전자를 물체에 입사시켰을 때 물체 표면에서 나오는 전자들을 모아 표면의 모양을 살펴보는 것을 □□ 전자 현미경이라고 합니다.
4. □□□ 현미경을 이용하면 아주 작은 물체에 대한 가장 선명한 사진을 찍을 수 있습니다.
5. 나노 기술이 가장 효과적으로 사용되고 있는 분야는 컴퓨터 부품을 만드는 □□□ 산업 분야입니다.
6. 빛과 화학 약품을 이용해 전기 회로를 반도체 위에 심는 기술을 □□□□□라고 합니다.
7. □□□은 60개의 탄소 원자가 육각형과 오각형 그물처럼 연결된 후에 커다란 공과 같은 형태로 배열되어 있는 결정체입니다.

1. 나노미터 2. 수소 결합 3. 주사 4. 원자력 5. 반도체 6. 리소그래피 7. 풀러린

이슈, 현대 과학

21세기를 주도할 나노 기술

21세기가 시작되면서 나노 기술이 많은 사람들의 주목을 받고 있습니다. 물리학, 화학, 생물학, 의학, 약학을 비롯한 대부분의 과학 분야와 기술 분야에서 나노 기술은 현대 기술이 봉착하고 있는 여러 가지 문제점을 해결해 줄 새로운 기술로 각광 받고 있습니다.

나노 기술은 연구 대상에 따른 분류가 아니라 크기에 따른 분류여서 과학과 기술의 전 분야와 밀접한 관계가 있습니다. 나노 기술은 하나의 원리나 이론에 의한 기술이 아니라 여러 분야에서 오랫동안 발전해 온 전통적인 기술이 그 바탕을 이루고 있습니다.

나노 기술은 재료 공학 분야와 생명 공학 분야에서 특히 큰 변화를 가져올 것으로 예상됩니다. 원자나 분자의 구조를 마음대로 바꿀 수 있게 되면 현재 우리가 사용하는 재료보다 훨씬 좋은 특성을 지닌 재료를 만들 수 있게 될 것이기 때문입니다. 마찬가지로 분자 단위에서 생명 활동을 제어하는 분자 생물학 분야에서도 나노 기술은 커다란 변화를 몰고 올 것입니다. 21세기를 만들어 갈 기술의 중심에 나노 기술이 있을 것임은 의심할 필요가 없습니다.

그러나 아직 나노 기술은 시작 단계에 있습니다. 일부 분야에서 큰 진전을 보이기도 했지만 나노 기술 분야는 지금까지 이루어 낸 것보다는 앞으로 해야 할 일들이 훨씬 더 많은 분야입니다. 앞으로의 국가 경쟁력은 어느 나라가 나노 기술 분야에서 우위를 차지하느냐에 따라 결정될 것입니다.

반도체 기술 분야, 재료 분야, 생명 공학과 의학 분야는 나노 기술이 가장 많이 사용될 분야입니다. 여러분 중에서 이런 분야에 관심을 가지는 학생들이 많아져서 나노 기술이 더욱 발전하기를 기대합니다.

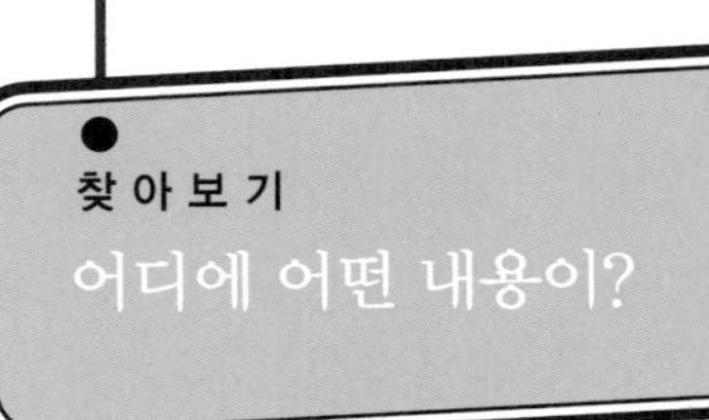
찾아보기
어디에 어떤 내용이?

개정판+신판

과학자가 들려주는 과학 이야기(전 130권)

정완상 외 지음 | (주)자음과모음

위대한 과학자들이 한국에 착륙했다!
어려운 이론이 쏙쏙 이해되는 신기한 과학수업,
〈과학자가 들려주는 과학 이야기〉 개정판과 신간 출시!

〈과학자가 들려주는 과학 이야기〉 시리즈는 어렵게만 느껴졌던 위대한 과학 이론을 최고의 과학자를 통해 쉽게 배울 수 있도록 했다. 또한 지적 호기심을 자극하는 흥미로운 실험과 이를 설명하는 이론들을 초등학교, 중학교 학생들의 눈높이에 맞춰 알기 쉽게 설명한 과학 이야기책이다. 특히 추가로 구성한 101~130권에는 청소년들이 좋아하는 동물 행동, 공룡, 식물, 인체 이야기와 최신 이론인 나노 기술, 뇌 과학 이야기 등을 넣어 교육 과정에서 배우고 있는 과학 분야뿐 아니라 최근의 과학 이론에 이르기까지 두루 배울 수 있도록 구성되어 있다.

★ 개정신판 이런 점이 달라졌다! ★

첫째, 기존의 책을 다시 한 번 재정리하여 독자들이 더 쉽게 이해할 수 있게 만들었다.

둘째, 각 수업마다 '만화로 본문 보기'를 두어 각 수업에서 배운 내용을 한 번 더 쉽게 정리하였다.

셋째, 꼭 알아야 할 어려운 용어는 '과학자의 비밀노트'에서 보충 설명하여 독자들의 이해를 도왔다.

넷째, '과학자 소개 · 과학 연대표 · 체크, 핵심과학 · 이슈, 현대 과학 · 찾아보기'로 구성된 부록을 제공하여 본문 주제와 관련한 다양한 지식을 습득할 수 있도록 하였다.

다섯째, 더욱 세련된 디자인과 일러스트로 독자들이 읽기 편하도록 만들었다.

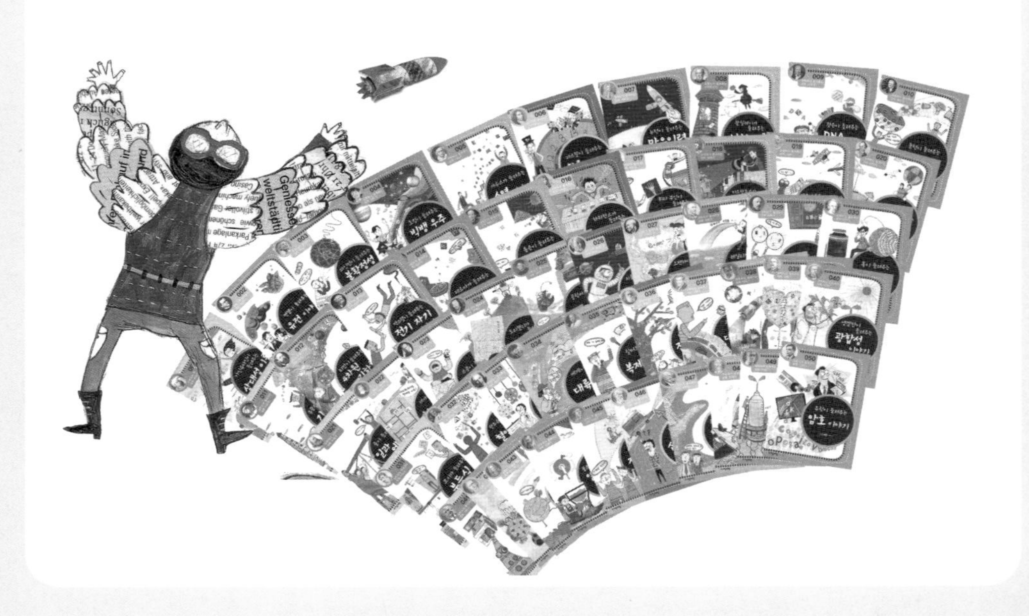